U0233930

科学新经典文丛

Quantum Steampunk
the physics of yesterday's tomorrow

量子蒸汽朋克

在过去与未来相遇的地方

［美］妮科尔·扬格·哈尔彭 ┃ 著

（Nicole Yunger Halpern）

梁焰 ┃ 译

人民邮电出版社

北京

图书在版编目（ＣＩＰ）数据

量子蒸汽朋克：在过去与未来相遇的地方 /(美)
妮科尔·扬格·哈尔彭 (Nicole Yunger Halpern) 著 ；
梁焰译. -- 北京 ：人民邮电出版社，2024.11
（科学新经典文丛）
ISBN 978-7-115-63858-8

Ⅰ. ①量… Ⅱ. ①妮… ②梁… Ⅲ. ①量子－热力学
－研究 Ⅳ. ①O413.1

中国国家版本馆 CIP 数据核字(2024)第 059516 号

版 权 声 明

- ◆ 著　　　　[美]妮科尔 • 扬格 • 哈尔彭（Nicole Yunger Halpern）
　　译　　　梁　焰
　　责任编辑　刘　朋
　　责任印制　陈　犇
- ◆ 人民邮电出版社出版发行　　北京市丰台区成寿寺路 11 号
　　邮编　100164　电子邮件　315@ptpress.com.cn
　　网址　https://www.ptpress.com.cn
　　涿州市京南印刷厂印刷
- ◆ 开本：880×1230　1/32
　　印张：8.75　　　　　　　　2024 年 11 月第 1 版
　　字数：189 千字　　　　　　2024 年 11 月河北第 1 次印刷
　　著作权合同登记号　图字：01-2022-6011 号

定价：59.90 元

读者服务热线：(010)81055410　印装质量热线：(010)81055316
反盗版热线：(010)81055315
广告经营许可证：京东市监广登字 20170147 号

内容提要

蒸汽朋克是一种文艺流派，它往往与维多利亚时代的服饰、布满复杂管道的蒸汽机、冒着浓烟的工厂、带发条的机器人等联系在一起，具有独特的魅力。而量子物理学探索的是微观物质，揭示了许多看似违背直觉和常识的规律。因此，在我们的印象中，这两个领域似乎完全不相关。

在本书中，勇敢的物理学家哈尔彭博士向我们介绍了她创造的新词"量子蒸汽朋克"，从量子信息革命的视角重新审视量子物理学、信息科学和热力学，这将改变我们对信息和能量的理解。这是一部充满奇幻色彩的科普著作，作者用瑰丽的想象和引人入胜的故事，带领我们穿越量子热力学的各个领域，探讨了各种有趣而又深刻的概念和问题，展望了量子物理学的崭新未来，提供了富有启发意义的洞察。

本书可供对量子物理学感兴趣的读者阅读。

感谢我的
父母和哥哥，
他们帮
助我成为
一个阅读者，然后
变成一个作者。

目 录

第 0 章

序 篇
很久很久以前的物理学

客厅外拥挤着许多影子，其中一个窜进来说道："对不起，奥德丽，我迟到了。"客厅里的炉火映着一个男人的脸，他看起来有20多岁，像一只掉进沟里的渡鸦。简直不敢相信，他递给管家的斗篷竟然被暴风雨淋湿了。"是我们的朋友尤尔特让我迟到的。"

"尤尔特真是'我们的朋友'！"一个比卡斯皮安小10岁左右的女孩合上书，招呼他走进暖和的小屋。"卡斯皮安，你从来没有自夸过，所以请不要夸尤尔特。黛西在你来之前已经准备好茶杯了。"她补充道，卡斯皮安蹭着红金色的地毯走过来。"要一杯茶吗？"她问。

"好的。"卡斯皮安对着炉火伸出手，一滴雨水淌进他的右耳，"你的弟弟还好吗？"

"如果巴克斯特遇到什么不好的事，他会做个侧手翻，径直穿过去。"奥德丽放下茶壶说，"要放点儿糖吗？"

"那太好了。"卡斯皮安从火光中抽身，坐在桌旁的高背椅上，好像老朋友似的。"你说你有一个发现要告诉我？"他凑近一点儿问，"关于时间，关于在量子层面上重写时间的方法。"

奥德丽抬起头打算把茶杯和碟子递给卡斯皮安，突然看见他的右脸颊上有一个光点闪过，那不是炉火的光。她皱着眉头，放下茶杯和碟子。

"确实。"她说着话，在桌子周围摸了摸，眼睛却没离开那个光点。她的手碰到了一个小型水晶花瓶，她把里面的紫罗兰和水倒了出来。那个光点在卡斯皮安的右脸颊上闪烁着。"我邀请你来正是为了这个。"她说，"事实上——"

啪！奥德丽将花瓶口抵在卡斯皮安的右脸颊上，一只手按在他的左脸颊上，夹住了他的脑袋。卡斯皮安被吓了一跳，他的眼睛睁得大大的，但他没有动。

"别动，"奥德丽轻声说道，"拿着这个。"卡斯皮安握住花瓶，奥德丽从附近的桌子上拿来一张纸，把它塞到花瓶口下面，然后将花瓶从他的脸上移开，把纸压在花瓶口上。两人在火光下盯着花瓶，一个像用铜制作的小东西在花瓶内嗡嗡地飞舞着。

"那不是昆虫。"卡斯皮安喃喃地说道。

奥德丽摇了摇头。

"是尤尔特，他急于偷听我的发现，我受宠若惊，"她说，"但我可不接受。"奥德丽将花瓶倒扣在桌子上，仔细凝视着那个小东西。"如果这只间谍苍蝇不是飞得这么慢，我永远也捉不到它。它现在肯定几乎耗尽能量了。"

"可怜的小东西。"卡斯皮安说道。奥德丽笑了。

"巴克斯特正在研制一种更厉害的间谍苍蝇，它们可以非常有效地从某种类型的光中吸取能量。不是壁炉发出的这种光，"她补充说道，朝壁炉挥挥手，"而是尤尔特的实验室里的那种。"

两人又看着机械昆虫嗡嗡地飞了一会儿，他们身后的壁炉噼啪作响，直到一滴雨水顺着卡斯皮安的鼻尖淌下。

"对不起，我忘了，应该给你茶。"奥德丽说着，伸手去拿卡斯皮安的茶杯和碟子，"再来点儿吗？"

上面是我构思的蒸汽朋克小说的一部分，奥德丽和卡斯皮安是小说里的人物。蒸汽朋克是一种文艺流派，从文学开始，传播到电影等艺术领域。赫伯特·乔治·韦尔斯和儒勒·凡尔纳的小说，例如《时间机器》和《海底两万里》，为蒸汽朋克运动播下了种子。在蒸汽朋克作品里，未来技术沉浸在 19 世纪的场景里。你会发现维多利亚时代的客厅、冒着浓烟的工厂、美国西部的轿车和明治时期的日本等奇景。男士戴着大礼帽，女士穿着带裙撑的裙子，他们设计飞艇，制作带发条的机器人和时间机器。蒸汽，培育了工业革命，也驱动了梦幻世界里的技术。昨天和明天交织，汇入怀旧、冒险和浪漫的大熔炉。

蒸汽朋克迷们写小说，画画，做金属和玻璃制品，拍电影。他们戴领结，穿紧身胸衣，装备上望远镜和放大镜，参加蒸汽朋克大会。我承认自己只参加过一次蒸汽朋克大会。我穿过的最具蒸汽朋克特色的服装是在一个主题公园的摊位上买的。从衣架上挑一套服装，打扮一下，全家拍一张照，只需花购买一套牛排刀那么多的钱。那时我差不多有 6 岁，裙子下摆太大，其尺寸堪比我的身高。尽管我的裙子没有裙撑，但现在我的生活酷似蒸汽朋克迷的梦境世界。

我是一名理论物理学家，我的研究领域是一门交叉学科，位于量子物理学、信息处理和热力学的交叉路口。热力学研究能量，是从 19 世纪发展起来的，源于解释蒸汽机的工作原理。量子物理学研究电子、原子等微观粒子，它催化出了一种完全新型的计算机。对于某类信息处理任务，这种新型计算机有朝一日将超越传统计算机，甚至超越超级计算机。所以，我研究的是未来的量子计算技术，但以维多利亚时代的热力学为背景，以蒸汽朋克为风格。因此，我为它起了一个名字——"量子蒸汽朋克"（quantum steampunk）。正如量子物理学正在使传统计算技术转型和增强，我的研究关注如何使传统热力学技术（例如热力学发动机，即热机）转型和增强。量子蒸汽朋克还为一些基本问题的研究提供启示，例如更细致地理解为什么时间只能向前流动，并为解释宇宙的神秘之处（例如黑洞）给出独到见解。过去 10 年，这一领域已经冲到科学的最前沿，呈现出蒸汽朋克的乐观前景和勃勃生机。我在本书中就是想传达这种兴奋和探索这个领域的乐观前景。

我们的旅行将从量子蒸汽朋克这个三岔路口开始，它是热力学、量子物理学和信息处理的交叉路口。我必须进行自我介绍。我是量子蒸汽朋克的一名可信的知名导游，你作为旅行者应该只选择我。下面我们将沿着本书介绍的路线开始我们的旅行。

{ 我们三个什么时候见面 }

在量子蒸汽朋克这个三岔路口，最古老的是热力学。热力学是物理学和化学的一个分支，萌芽于 19 世纪——蒸汽朋克时代。蒸汽机推动了工业革命，为工厂和机车的运转提供动力。科学家和工程师想了解发动机从矿井中抽水的效率。技术进步促使思想家思考哪些障碍限制了机器效率的提高以及能量形式的变化（例如流过大坝的水的动能如何转化为发电机产生的电能）。这种实际问题引出一个基本问题：什么是热？另外，物质是不是由肉眼看不见的非常小的粒子组成的？为什么我们在伦敦塔桥上可以倒着走，但沿时间轴不能回到过去？

热力学家研究的系统是他们可以观察和操纵的，比如蒸汽、金属、水等。这些物理系统至少由 10^{24}（1 后面有 24 个 0）个粒子组成，我们称这些系统为经典系统，用 20 世纪 20 年代之前创建的物理学可以预测它们的大部分行为。

但是，量子系统的行为无法用同样的方式预测。量子系统的行为方式不可能出现在像蒸汽船、海绵蛋糕、西班牙猎犬这样的系统中。量子系统一般只由少量粒子组成，它的基本零部件是粒子，包括电子、光子和原子。奥德丽和卡斯皮安可以让两个原子聚拢在一起，强迫它俩互动。比如，奥德丽和卡斯皮安带着自己的原子在伦敦相聚，然后奥德丽马上带着一个原子去曼彻斯特。卡斯皮安测量自己的原子的某些性质，测量干扰了他的原子。因为奥德丽和卡斯皮安的两个原子曾经互动过，因此测量也会干扰奥德丽的原子。奥德丽的原子，即使远在数百千米之外，我们也可以认为它在"瞬间"发生了变化（这里掩盖一些细节）。并不是卡斯皮安可以向奥德丽"瞬间"发送一条信息，这里面的微妙之处将在第 2 章中探讨，但大致可以说奥德丽和卡斯皮安的两个原子的相关性比任何经典系统都强，或者说他俩创建了两个原子之间非常紧密的关系，这种关系比经典物理系统之间可能实现的关系都更加紧密。我们称这种关系为"纠缠"。

量子理论萌芽于 20 世纪 20 年代，它的种子在 19 世纪末 20 世纪初开始播下。几十年后，科研人员的研究兴趣转移了，他们不再研究量子系统是如何工作的，而是研究如何利用纠缠等量子现象。

量子信息成为一门科学，它研究量子系统如何以经典系统不可能实现的方式处理信息。"处理信息"的意思是解决计算问题（例如将英镑兑换成先令），传递信息，保证信息安全，并将信息存储在存储器里。

想象有一台计算机，它不是由传统的晶体管组成的，不是由 10^{24} 个原子组成的，而是由几万个原子组成的。我们可以让原子纠缠起来并驾驭它们的关系（第 3 章将介绍如何驾驭）。这样的一台量子计算机可以在几分钟内完成某类问题的计算，而传统计算机处理这类问题需要花很多年的时间才能完成。量子计算的潜在应用包括化学、材料科学和新药研制。部分用于保护网络交易免受黑客攻击的加密系统也可能被量子计算机攻破。（但我们不必过于担心，后量子密码学家正在开发连量子计算机也无法破解的代码。）量子计算机不能帮我们解决所有问题。例如，我不建议用量子计算机报税。一些商业巨头（如谷歌、IBM、霍尼韦尔和微软等）正在研制量子计算机，一些初创公司（如 IonQ 和 Rigetti）以及若干国家的政府也在研制量子计算机。科技巨头亚马逊公司提供了一个在线门户网站，消费者通过这个门户网站可以使用初创公司开发的早期量子计算机。

放心，网络加密系统在未来几年内还不会崩溃。控制几十个粒子的纠缠已经花费了好几届研究生的时间，那么控制几万个原子的纠缠将花费比这多得多的研究生的时间。一些怀疑论者认为我们永远无法控制多粒子纠缠，但大多数量子计算科学家不同意这种说法。时间会证明一切，只要量子计算有源源不绝的资金供给。

为了表现纠缠之类的量子现象，大多数量子系统需要低温运行。冷却需排出热量，也就是排出随机能量，属于热力学范畴。但是，在量子情况下怎么测量热量？需要思索下面的这个问题：测量一个量子系统，你就改变了它的状态，也就是说"干扰"了它。而测量一个经典系统时不会改变它的状态，比如测体温时将温度计放在腋下不会影响你发烧。当你测量由若干原子组成的系统释放了多少热量时，就会影响它释放的热量。这时 19 世纪的热力学不再适用，我们需要重新构建 21 世纪的量子科学，必须替换掉热力学理论中的齿轮、滑轮和杠杆等这些东西。

我们应该用什么样的数学工具、概念工具和实验工具包？答案是量子信息学。量子技术促进了量子信息学的发展，正如当年蒸汽机推动了热力学理论的发展一样。工业革命以来，科学家已经利用热力学理解了很多事情，比如恒星的演化和生命的起源。在过去的 30 多年里，科学家一直在利用量子信息学来理解新型计算机科学、新型数学、新型化学、新型材料科学等。量子信息学提供了一个工具包，用于彻底改造热力学，使之能描述小尺度的量子信息处理系统。

我正是这场技术革命的参与者。我不是这个领域的第一人，也不是唯一的参与者。我的伙伴遍布世界各地。早在 20 世纪 30 年代就有人窃窃私语，预言这个领域的使命是什么，许多人称之为"量子热力学"或"量子–信息热力学"。但热力学发展成一门科学是从自然哲学中涌现出来的，自然哲学有美学原则。自然哲学家除研究几何学和天文学之外，还了解美学，因为他们还研究哲学、文学和历史。今天的物理学家也遵循美学原则，他们宁愿选择简单方程描绘世界上的大部分情形，也不选择复杂方程，更不选择只描绘某些特殊情况的方程。可以说美学在科学和自然哲学中发挥过更广泛的作用。例如，科学仪器的优雅造型沿袭了维多利亚时代的乐器造型：黄铜映衬在桃花心木下；偶尔拱起的一条曲线看似不必要，实际上是为了让人愉悦。今天的科学家崇尚美，感受自己与传统的联系，感受它的宏大与丰富，并从中获得灵感。量子热力学具有蒸汽朋克的美感，这是我在攻读博士学位时意识到的。我将热力学与量子信息学的姻缘类比为维多利亚时代与未来技术的姻缘，故给它起名为"量子蒸汽朋克"。

{ 在量子职业生涯中进行环球旅行 }

我第一次遇到蒸汽朋克时并没有意识到它是曾经出现的一个流派。当时我在上小学，周末的早晨我们全家总是挤在父母的床上看电视剧《原野奇兵》。布鲁斯·坎贝尔是主角，电视剧主要讲一个绅士牛仔和一位时间旅行者的对抗。我上小学五年级的时候，威尔·史密斯在蒸汽朋克电影《飙风战警》里扮演了一个警长。于是，从五年级到初中，我狼吞虎咽地读了两部蒸汽朋克作品——戴安娜·温·琼斯[①]的《魔法生活》和菲利普·普尔曼的"黑暗物质三部曲"。

普尔曼的系列小说横跨多重宇宙的许多世界，我的物理学旅行同样穿越许多学科。我想当文艺复兴时期的女子，高中时迷恋上了微积分和力学，也迷恋过魔幻现实主义和欧洲历史。一位哲学老师让我迷恋上了量子理论。这种迷恋驱使我进入大学哲学系学习，但更多的

---

① 又译作戴安娜·韦恩·琼斯、戴安娜·温尼·琼斯等。——译者

魅力出现在物理系，于是物理系的老师帮我设置了一个新专业，取名为"物理修正"（Physics Modified）。我先修物理学和数学的必修课，选修高级物理课程，兼选与物理学有关的哲学、历史和数学。

在物理学中，量子计算吸引我是因为它的平衡：量子技术不仅有用，而且有助于我们理解空间、时间和信息这些基本物理概念。更重要的是量子计算是跨学科的研究领域：量子计算物理学家需要掌握数学工具，与计算机科学和化学有交集，需要了解量子计算的历史（例如阿尔伯特·爱因斯坦对尼尔斯·玻尔所说的关于测量的故事），撰写论文，发表演讲，并负责对方程组的物理意义进行解释。物理学家喜欢认为物理意义是物理学独有的东西，尽管这让我想起文学批评与评论。我确信自己应该钻研理论物理学，兼顾量子计算。

大学毕业之后，我获得一项英格兰助研奖学金在圆周理论物理研究所攻读硕士学位。这个研究所位于加拿大滑铁卢（多伦多附近），出色的物理数学环境、活跃的初创科技公司和这里的冬天吸引了世界各地的研究人员来到这座城市。滑铁卢公共图书馆中藏有加拿大诗人杰伊·鲁泽斯基写的一本薄薄的小说，其中一章介绍一位法国发明家制造的自动机，也就是类人机器人。书中有一个这样的场景：一个发明家低头凝视着他的工作室，斗篷飘在他的身后。读到那一章后不久，我突然醒悟，我遇到的是蒸汽朋克流派。

在圆周理论物理研究所，我遇到了量子信息热力学，首次做这个领域的研究。为了攻读博士学位，我来到加利福尼亚州帕萨迪纳，这里是加州理工学院所在地。早在量子计算还没有获得尊重成为独立学科的时候，加州理工学院就孕育了量子计算，这主要得益于约翰·普雷斯基尔的努力。约翰身上散发着一股普林斯顿大学和哈佛大学校友的庄严气息，他在物理学领域获得的荣誉就像军队里的将军获得的荣誉一样多。他偶尔会上台唱歌跳舞（很糟糕，正如他承认的那样）。有时，你会看到难以掩饰的笑容在他那张一本正经的脸上绽开。约翰是我的博士研究生导师，给予我支持和独立，让我难以报答。与他见面时，我告诉他我想做量子计算和热力学交叉领域的研究。他说："好吧，去做吧。"

于是，我就去做了，早中晚都在工作，偶尔会去帕萨迪纳的弗罗曼书店。从小说区到儿童读物区需要爬一段楼梯，楼梯中间有一个平台。在这个平台上，我曾经发现一些画上画着一个绿发女孩，她穿着紧身胸衣和荷叶边连衣裙。这幅画的作者是迪士尼漫画家布莱恩·凯辛格，他描绘这个女孩在与章鱼（蒸汽朋克吉祥物）分享自己的冒险经历。在距离加州理工学院步行仅半小时的地方，我就可以看到蒸汽朋克作品。亨廷顿图书馆、艺术博物馆和植物园中有我最喜欢的展览——"美丽科学"，展示了天文学、医学和光学的精妙。我流连于17世纪天文学家的手稿和文艺复兴时期动物学的独角兽插画。

亨廷顿图书馆折射了科学的一个侧面，让我怀念加州理工学院。我仰慕加州理工学院，仰慕它的智慧和大胆，仰慕那些愿意分享想法和建议的学者，仰慕那些坦诚相待的朋友。我在那里获得了很多灵感。在我攻读博士学位时，加州理工学院的4名科学家获得了诺贝尔奖，其中一位获奖者教授我化学。加州理工学院的科学家不仅工作在前沿，而且能创造前沿：一个人将单个原子排列成一条直线，创造了世界上最锋利的边缘。

我陶醉于加州理工学院的科研氛围，但我又回心转意，回到了自然哲学上。我正在创建未来，但我又渴望回到过去。脑中灵光一现，我创造了"量子蒸汽朋克"这个词。

除了研究现代热力学理论外，我的研究还包括用现代热力学理论协助其他学科转型，其中包括量子物理学、信息和能源。我还涉足跨领域学科，如材料科学、化学、黑洞、光学（光的研究）等。我和同事正在运用我们的理论回答这些领域里的问题，并且发现新的问题。

我的博士学位论文的题目是"量子蒸汽朋克"。虽然取得博士学位让我高兴，但更让我高兴的是能够在科学文献中使用"蒸汽朋克"这个词。写这本书时，我正在哈佛大学和史密森学会的理论原子分子和光物理研究所做博士后研究。到本书出版时，我将作为物理学家组建一个研究小组。美国国家标准及技术协会（NIST）和马里兰大学共同创建了两个量子研究所、一个量子技术中心和一个着眼于热力学研究的跨学科研究所。我将创建一个量子蒸汽朋克实验室，让理论物理学家通过应用和解释数学来发现物理世界的各个方面，比如量子纠缠。我们还将与实验物理学家合作验证我们的预言。

如果你想通过在谷歌上搜索蒸汽朋克照片找到我，那么你找不到，因为我并不是蒸汽朋克迷，我没有护目镜和大衣，也不怎么参加蒸汽朋克大会。我读过的物理学论文比蒸汽朋克小说多几百篇。我并不喜欢紧身胸衣，尽管我大部分时间穿裙子。我自己组装了一个好奇之柜，里面有我从西班牙、牛津和圣巴巴拉收集来的宝贝，包括一副望远镜、一个蝴蝶标本、一些博物馆展览海报以及几把老式钥匙。我更自豪的是自己通过物理学研究而构建起来的好奇之柜。阅读这本书能打开那个好奇之柜，了解我的蒸汽朋克生活。

{ 游览图例 }

从第 1 章到第 4 章，我们将回顾与量子蒸汽朋克有关的背景知识，其中包括信息论（研究信息处理）、量子物理学、量子计算和热力学。第 5 章和第 6 章将这些领域结合起来，介绍量子蒸汽朋克。我将量子蒸汽朋克设想为复古地图——几个世纪前探险家手绘的那种。这种地图画在羊皮纸上，纸上有墨迹，一角画着龙或美人鱼。地图上点缀着一个个城邦、王国和公国，代表量子蒸汽朋克的不同子领域，各种哲学、目标、工具包，以及一组结果。在第 7 章至第 13 章中，我们将访问其中的许多地方。在第 14 章中，我们将走出地图，透过量子热力学这个万花筒审视其他学科，也从量子热力学出发对其他科学领域进行洞察。

本书歌颂了 19 世纪发展起来的热力学，以及以冒险和探索为核心价值的蒸汽朋克精神。但是，一个国家的冒险有时变成了对另一个国家的压迫和剥削。维多利亚时代也有不应该歌颂的，如殖民主义、种族主义、非人道的工作条件、童工和环境破坏。本书对蒸汽朋克的颂扬并不等于对维多利亚时代的一切都认可，但量子蒸汽朋克提供了在重振 19 世纪的成功的同时弥补其不足的机会。

每章开头都有我构思的一小段量子蒸汽朋克小说。小说片段并不是准确地代表科学，但科学确实潜伏其中。小说片段可以挑战你的想象力，每章除了开头之外的其余内容是可信的。我并不是先相信了其余内容才成为量子蒸汽朋克迷的。

第 1 章

信息论
密码和概率

咔嚓，一根木头门闩滑过去把橡木栅栏门锁住了，门里传来一个刺耳的声音："请输入密码！"

"巴克斯特！你认识我！"奥德丽厉声说道，"我再也不想背密码了，太可笑了！"

"我不是巴克斯特，"那个声音说，听起来不那么刺耳，却更固执，"巴克斯特半小时前去上厕所了。"

"好吧！"奥德丽深吸一口气，偷偷摸摸地快速背诵了一遍密码，仿佛不想让人听见。"邦蒂福德勋爵喝了两杯酒，然后赤身裸体跳了一段吉格舞。"

门闩咔嚓一声滑回原位，门吱呀一声开了。

奥德丽向门卫传递了什么？她的声带激发一部分空气分子，引起这些空气分子嗡嗡地振动，撞击其他空气分子。这些空气分子又撞击另外一些空气分子，直到声波进入门卫的耳朵。门卫耳朵里的空气分子撞击听小骨，听小骨振动起来，一些神经元受到刺激，进而使更多的神经元受到刺激……直到门卫为奥德丽打开门。

奥德丽有没有向门卫传递能量——一种神经元放电模式？有，但这是现象，她要传递的东西不是能量而是信息。在本章中，我们重点关注信息。信息是什么？如何编码？如何测量？对信息的测量引入一个新概念——熵。熵也是热力学中的明星概念。

我们生活在信息时代，但信息是什么？一种看法认为信息是不同选项的可区分能力。如果奥德丽说不出密码，门卫就无法区分可不可以让她进来，只有她说出了密码以后才能区分。

信息的这个定义是我在大学中第一次学习量子计算时在一本教科书里看到的，我用大部分时间深耕这个信息视角。但对于这个定义，我要稍作修正：只有信息并不足以区分不同选项。即使你把《不列颠百科全书》的内容全都刻在一块巨大的浮冰上，就是说你把所有信息都给了浮冰，浮冰还是不能区分油桃和拿破仑的不同。人通过阅读《不列颠百科全书》的条目可以区分油桃和拿破仑。因此，我认为信息是区分不同选项的必要条件，但不是充分条件。

信息的第二个定义是我在牛津大学里学到的，我在攻读博士学位期间曾在牛津大学做访问学者。在一个大雨倾盆的日子里，我在高耸的尖顶下遇到了科学哲学家克里斯·斯廷普森。当时我俩在教师食堂里共进午餐，他解释了他对信息的一种看法。一个美国学生在牛津大学的食堂里可能得到什么？一条亚麻餐巾，一个安静的学习环境，一个有许多长沙发的餐厅，学生用餐后可以坐在沙发上饮茶。克里斯认为信息是一种类似于催化剂的东西，可以催化一个过程而不失去自身再次催化的能力。借用奥德丽的故事来解释，假设门卫不小心让门闩砸了自己的脚，他大叫一声，巴克斯特赶紧从厕所里跑出来，把门卫扶到沙发上。巴克斯特回到门口，他一点儿也不知道奥德丽在门口，但她可以再次敲门，只要说出那个密码——那个能证明奥德丽属于秘密组织的密码，仍可将门打开。

回想一下序篇里的小精灵尤尔特，他企图用机械间谍昆虫窃取奥德丽的密码。如果秘密组织发现他已经知道了密码，就会赶紧改掉密码，原来的那个密码"邦蒂福德勋爵喝了两杯酒，然后赤身裸体跳了一段吉格舞"将不能再用来开门。那条信息会不会失去催化一个过程的能力？

不会，那条信息是"我属于秘密组织"。秘密组织将这条信息编码为密码。如果尤尔特窃取到了密码，这个密码不再可靠，秘密组织就会把这个密码毁掉，设置一个新密码，比如"邦蒂福德勋爵在圣诞节吃了三只烤乳猪"。如果奥德丽说出新密码，她就给出了与之前相同的信息"我属于秘密组织"。这条信息将使大门打开。

密码将一条信息（"我属于秘密组织"）编码为另一条信息（"邦蒂福德勋爵喝了两杯酒，然后赤身裸体跳了一段吉格舞"）。信息是抽象对象。我们将它们存储在物理系统（比如声带、气体分子、听小骨、神经元、计算机屏幕上的像素等）中，并通过物理系统进行传递。我们将一条抽象信息翻译成物理系统的一种构型，使用另一种代码，比如英语。我在计算机屏幕上（通过打字）安排像素成为某种构型，就对这条信息（女主角的名字）进行了编码。你通过读（"奥德丽"）来解码这条信息。

因此，通过把一条抽象信息转换为另一条抽象信息，我们把一条信息（例如"我属于秘密组织"）编码到另一条信息（例如密码）里。为了存储和传输信息，我们把信息编码在物理系统中，比如一本书上的墨迹就说明了这种编码过程。

{ 如何衡量信息 }

衡量事物需用单位。时间的单位有秒，糖的单位有茶匙，长度的单位有米，那么我们如何衡量信息？信息的单位是什么？对于这样的问题，我们应该像物理学家那样，从具体实例开始，构建一个猜想，然后根据更多的实例和原则验证这个猜想，必要时修正这个猜想。

在奥德丽的故事中，门卫必须分辨奥德丽是否属于他所在的秘密组织。假设在听到她的回答之前，他根本不知道她是否知道密码。从奥德丽说出的话中，他得知了大量信息。现在假设奥德丽一说话，门卫就听出了她的声音。他认为奥德丽属于他所在的秘密组织的可能性很大，比如75%，因此听到密码并不会让他感到惊讶。密码几乎没有传递什么信息。

听到一条密码，读一本书，情人单膝跪地，这些都是事件，这些事件都传递了信息。你对事件的期望越大，也就是说事件发生的概率越高，事件传递的信息就越少。随着事件发生的概率增大，概率的倒数减小。提醒一下，2的倒数是1/2，3的倒数是1/3，等等。让我们猜想，如果一个有一定概率发生的事件发生了，那么该概率的倒数就衡量了这个事件所传递的信息。

让我们看看这个猜想是不是有道理。信息的量度规则应该说明信息量的加法。假设奥德丽说出密码之后，门卫问奥德丽隔壁酒吧是否已经关门。奥德丽的回答给了门卫两条信息：一是奥德丽属于秘密组织（而不是不属于），二是酒吧的门是开着的（而不是关着的）。门卫得到的信息总量应该是第一条信息的值加上第二条信息的值。

还可用另一种方式测量信息总量。门卫与奥德丽的对话有 4 种可能的结果：①奥德丽属于秘密组织，酒吧的门仍开着；②奥德丽属于秘密组织，酒吧已关门；③奥德丽不属于秘密组织，酒吧的门仍开着；④奥德丽不属于秘密组织，酒吧已关门。每个联合事件由两个事件组成，每个联合事件发生的概率是第一个事件发生的概率乘以第二个事件发生的概率。假设门卫听出了奥德丽的声音，但不知道酒吧是否营业。他这样估算概率："奥德丽属于秘密组织"的概率为 3/4，"奥德丽不属于秘密组织"的概率为 1/4，"酒吧的门仍开着"的概率为 1/2，"酒吧已关门"的概率也为 1/2。联合事件"奥德丽属于秘密组织且酒吧的门仍开着"发生的概率即为 3/4 × 1/2 = 3/8（见图 1.1）。

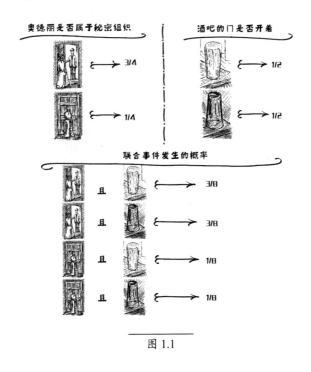

图 1.1

门卫从联合事件中获得了多少信息？我们之前尝试过这样量化信息：信息量是联合事件发生概率的倒数，3/8 的倒数是 8/3。我们也得出结论：信息总量应该是其分量之和。"这真烦人！"奥德丽会说。门卫得到的信息总量有两个表达式，其中一个是乘积，另一个是求和。我们必须对量化信息的规则稍加调整，把乘积变成求和，使两个表达式相同。

匈牙利数学家阿尔弗雷德·雷尼说，"数学家是一台将咖啡变成定理的机器"（或"数学家可以将咖啡变成经过证明的数学事实"）。对数是一台将乘法变成加法的数学机器。"数学机器"的意思是给它输入一个数，它会输出另一个数。我们的目标是将乘积变求和，而这个属性正是对数皇冠上的明珠。

对数将改进我们衡量事件传递信息的规则，让我们这样定义信息量：信息量是事件发生概率的倒数的对数。这个数字被称为事件的"惊异"（surprisal），因为它衡量了事件让你感到惊讶的程度。事件越让你感到惊异，你得到的信息就越多。根据修正后的规则，即使事件发生的概率成倍增加，信息量也会遵循加法规则。

我们希望信息量能够分解为单位信息，正如我们可以用茶匙（糖的单位）将一碗蔗糖分解。我们应该用什么作为信息的"茶匙"（信息的基本单位）？

前面讲过，信息是区分选项的必不可少的要素，因此至少应有两个可区分的选项，比如奥德丽属于或不属于秘密组织。在没有先验信息（不熟悉奥德丽的声音）的情况下，门卫将这两种可能赋值为相等，都为 1/2。根据我们量度信息的规则，他得到的信息量是 $\log_2 2$。这个量就是信息的单位，称为比特。抛一枚质地均匀的硬币，你看着它在桌下滚动……正面朝上，这时你得到了 1 比特信息。

假设有一枚质地不均匀的硬币，它的正面有 3/4 的概率朝上（相当于门卫听出了奥德丽的声音），1/4 的概率朝下。如果你看到硬币的正面朝上，你就会得到 $\log_2(4/3)$ 比特信息。如果硬币的正面朝下，你就会得到 $\log_2 4$ 比特信息。在任何时候，若遇见随机事件（如天气晴朗而不是下雪和多云，你最喜欢的酒吧提前关门了，你的用蒸汽驱动的时间机器突然坏了），你都可以用比特来衡量你得到的信息。

比特是信息单位，但信息科学家使用这个词也有其他方式。比特可以指一个事件有两种可能的情况。想象一个最不浪漫的例子，有人向你求婚，你的反应就是 1 比特（答应 / 不答应）。如果一个物理系统只能处于两种可能的状态之一，我们可以为它指定 1 比特。若物理系统或事件有两个选项，如蜡烛"点燃"与"未点燃"，午餐只有"牧羊人的馅饼"和"农夫的午餐"这两种选择，或任何其他二选一的情况，信息科学家就可以用 0 和 1 表示选项。这种约定简化了我们的工作，就像我喜欢阅读有关牧羊人的馅饼和农夫的午餐的论文。

{ 信息论之"肝" }

什么是信息以及如何量度信息，这两个问题属于信息论的范畴。信息论是科学家克劳德·香农在 20 世纪上半叶创立的，当时他在贝尔实验室工作。贝尔实验室是由电话发明家亚历山大·格雷厄姆·贝尔创建的。那个年代的科学家回忆起 20 世纪中叶的贝尔实验室时，他们的感觉就像兄弟俩回忆起当年去姥姥家过暑假一样亲切。

这个实验室培育好奇心和协作精神，收获了9个诺贝尔奖。香农没有辱没贝尔实验室的声誉，他研究的是顺着通道或通信介质（如电话线）传递信息时的效率问题。正如存储信息、保障信息安全以及解决计算问题一样，通信也是一项信息处理任务。信息论研究如何量化信息，以及如何执行信息处理任务。

那么，通过电话线发送信息能够达到怎样的效率？我把这个答案称为信息论之"肝"，这要感谢我的九年级生物老师。这位直言快语的得克萨斯女老师对全班学生说："如果在考试中不知道一道题的答案，你就写'肝'。"肝在人体中的功能多得要命，我在上九年级时能背下大约10种，而约翰·霍普金斯大学的医学网站上列了500多种。如果不知道生物考试中某道题的答案时就写"肝"，那么你得分的概率就相对较高。如果有人问"你执行某项信息处理任务的效率如何"，而你回答道"这取决于熵"，那么你得分的概率也会较高。

熵是"惊异"的函数，是一台数学机器，我们给它输入一些"惊异"值，它就会输出一个数。数学家已经发明了很多这样的机器，所以存在很多种熵。不同的熵用于衡量我们执行不同的信息处理任务的效率。在第10章中，我们将遇到很多熵，但现在我们只关注一个，那就是最著名的熵之一——香农熵。

假设奥德丽每晚10点到秘密组织的总部。这个时候巴克斯特应该在值班，但他可能去洗手间（假设概率为p_W），也有可能偷偷溜出去喝一杯（概率为p_P），还有可能睡着了（概率为p_S）。当然，他也可能在岗位上（概率为p_G）。数字p_W、p_P、p_S、p_G形成了一个概率分布。在任何一个指定的晚上，如果奥德丽发现巴克斯特去了洗手间，她就会得到取决于 p_W 的信息；如果她发现他偷偷溜出去喝了一杯，她就会得到取决于 p_P 的信息，以此类推。好几个晚上之后，奥德丽平均得到了多少信息？答案就是"平均惊异度"（average surprisal），即香农熵。

让我们看看为什么香农熵是我们执行信息处理任务时所能达到的最优效率。为了简化分析过程，让我们假设巴克斯特只可能站岗或睡觉，即仅有的两个非零概率是 p_G 和 p_S。假设奥德丽是经理，管理秘密组织的成员，检查他们是否履行职责。她每天晚上都记录巴克斯特当日的表现，在她的日记本上记录 G（站岗）或 S（睡觉）。多年来，她一直坚持这样做，日记本里密密麻麻地写满了由 G 和 S 组成的随机字符串。她决定将这个字符串压缩到尽可能小的空间中，执行一项信息处理任务——数据压缩。

你也许做过数据压缩，比如将文件压缩后通过电子邮件发送给朋友或同事。我们如何进行数据压缩？假设我们的小说以奥德丽为主角，生成了一套很长的系列丛书。在最后一部小说的末尾，奥德丽将 30 年来收集的报告汇编成册。30 年大约有 11000 个夜晚，因此她的随机字符串包含大约 11000 个字母。如果字符串仅由一个字母组成，则只有 G 和 S 这两种可能性之一。如果字符串由两个字母组成，它将有以下 4 种可能性之一：GG、GS、SG 和 SS。增加一个字母会使字符串的数量翻倍。所以，在最后一部小说的结尾，奥德丽已经写下了 2^{11000} 种可能的字符串之一。2^{11000} 是一个巨大的数字，远远大于可观测宇宙中的原子总数。

但是，并非所有这些字符串都有可能出现。可能一部分字母是 G（概率为 p_G），另一部分是 S（概率为 p_S）。对于任意选择的一天，巴克斯特站岗和睡觉都有一定的概率，也就是说这两个概率都不接近 0 或 1。此外，巴克斯特的习惯也不是完全随机的，他更有可能在站岗而不是睡觉。

30 年来，奥德丽发现巴克斯特每晚都在站岗，但她记录 11000 个 G 的可能性极小，以至于我们可以说那个字符串基本上不可能出现。在数学上，大多数字符串基本上不可能出现。奥德丽最有可能只写某种类型的字符串，其中一部分字母是 G，比例大约为 p_G，另一部分字母是 S，比例大约为 p_S。这个事实类似于抛硬币 11000 次，我们估计硬币正面朝上的次数大约为一半，反面朝上的次数也大约为一半。

奥德丽应该怎样压缩她的字符串？她把第一个事实上有可能出现的字符串标记为 1，第二个事实上有可能出现的字符串标记为 2，以此类推（见图 1.2）。她的日记本中可能有一个这样的字符串，她记录下了这个字符串的标签。结果奥德丽将 11000 个字母压缩为一个标签，至少她已经用一个标签代替 11000 个字母。我还没有证明这个标签包含的字符串少于 11000 个字母。让我们计算一下这个标签有多小，奥德丽需要多少比特详细说明这个标签。

奥德丽每次查看巴克斯特是否在岗时都会收到信息。她平均能收到多少信息（多少比特）？答案是 p_G 和 p_S 的香农熵，用于衡量巴克斯特的平均不确定性。在 11000 天中，奥德丽收到的比特数大约等于香农熵乘以 11000。这就是奥德丽的标签的比特数。假设巴克斯特站岗的可能性比睡觉的可能性高 3 倍，即 p_G 是 4/5，p_S 是 1/5，则香农熵大约是 0.7 比特，因此 11000 天中的每一天需要大约 0.7 比特，总共大约需要 7700 比特。用香农熵进行测量，数据压缩为奥德丽节省了 3300 比特。

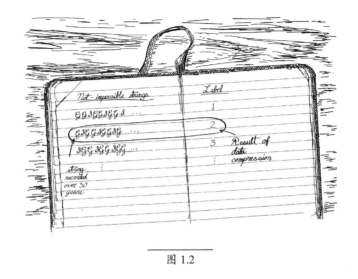

图 1.2

{ 你总是占据有利地位 }

对于我们所称的香农熵，香农称之为"熵"。他为什么选择这个名字？他在 1971 年发表在《科学美国人》上的一篇文章中解释了其中的原因。香农当时已经确定用平均惊异度作为测量不确定性的数学机器。他拿不准该给这个机器起个什么名字，于是去找匈牙利裔美籍数学家和物理学家约翰·冯·诺依曼征求意见。（前面提到过另一位来自匈牙利的数学家雷尼，就是说数学家是将咖啡变成定理的机器的那位。本书后面将提到更多来自匈牙利的科学家，我们在研究信息论、量子物理学和热力学时总会遇到这些才华横溢的匈牙利人。）冯·诺依曼建议香农不要把熵称为平均惊异度，他说："你应该把它叫作'熵'，有两个原因：首先，你的不确定性函数已经被人使用了，在热力学的一个变化形式里它已经有了一个名称，叫作'熵'；其次，更重要的是没人知道'熵'到底是什么，因此在辩论中这对你来说总是有利。"

关于冯·诺依曼的建议，有三点值得点评。首先，我们将在第4章中证实冯·诺依曼的主张——熵的确已经出现在热力学中。熵也的确出现在量子物理学中，第2章将对此进行讨论。熵将信息论、热力学和量子理论完美地结合起来，第5章将对此进行讨论。

其次，冯·诺依曼声称"没人知道'熵'到底是什么"，我猜他只是半开玩笑。多年来，物理学家一直在阐明熵的概念。香农证明了熵在数据压缩中起的作用，冯·诺依曼用自己的名字命名了香农熵的量子版本。因此，冯·诺依曼知道的比他自己认为的要多。

不仅如此，对我来讲，熵的概念总是戴着神秘的光坏浮现在我们的面前。本章前面根据关于信息行为方式的直觉构建了香农熵，例子告诉我们为什么香农熵应该采取这种形式。这种形式让我想起20世纪英国小说家戴安娜·温·琼斯的小说《平荷伊之蛋》中的一个场景。一个男孩在阁楼上发现了一枚巨大的蛋，他把这枚蛋带回家悉心照料。一天晚上，巨蛋裂开，一个脏兮兮的棕色的小家伙蹦了出来。它的后背是毛茸茸的，尾巴是乱蓬蓬的。我读着读着，没想到还有一个人说："我猜，这真的是狮鹫！"狮鹫？这家伙看起来像一只掉进湖里的饥肠辘辘的腊肠犬。难道真的有一天它会拱起背张开翅膀飞上天？它比加州秃鹰更威武？我感觉熵正像这只狮鹫：虽然它现在看起来是个大杂烩，一个由两个概率、一个分数和一个对数组成的大杂烩，但它是我们掌握信息理论的金钥匙！这种数学抽象解释了时间之箭的方向（将在第 4 章中加以解释）。对于时间之箭，我们有切肤刻骨的感受。熵的样式像一个什锦花盆，却蕴含生动的冲力。我迷上了二者之间的张力。所以，我同意冯·诺依曼暗示的挑战，把我们的思想围绕着熵进行包装。自从在九年级生物课上第一次遇到熵，我就对这个挑战着迷了。

最后，冯·诺依曼鼓励香农用"熵"这个名称，因为"在辩论中这对你来说总是有利"。的确如此，这正是你应该阅读本书的理由。

第 2 章

量子物理学

一步登天，还是按部就班

走廊对面有一幅画，静静地待在远离自然哲学家的喧闹声的壁龛里。它在向奥德丽招手。奥德丽走了过去，听不见自己的靴子在大理石地板上发出的响声。那里有两个说悄悄话的男人，她走过去没理会他们。画里有一间木板书房，正是奥德丽喜欢的那种，她最喜欢拿着铅笔和笔记本在这种书房里安安静静地看书。书房的远处有一面墙，靠墙放着一张桌子。桌子由三层书架组成，最上面是写字台。桌子上有一个地球仪和两个机械装置，其中一个可能是圆规或胡桃夹子。桌子上还放着一沓稿纸，稿纸压在一堆书的下面，一部分垂了下来。

奥德丽走近一步更仔细地观察这幅画。她是在看书桌还是在看学者可以爬上去的那个平台？平台由地球仪后面的那扇桃花心木门支撑着，从这扇门可以走出书房。门上方的墙上画着画，奥德丽更仔细地凝视着那里。右边画的是一棵树吗？进入镜头的光线来自左侧？画的左侧立着一根柱子，比它的爱奥尼亚兄弟更质朴，但让人想起欧几里得和毕达哥拉斯的古典世界。柱子左边有一扇镀金的窗户，屋内的人透过窗户可以看到天空。

奥德丽从画中的窗户向外看，发现一朵云飘浮在波光粼粼的水面和金褐色的大地之上。嗨！原来这个书房飘浮在天上，在这个书房里研究天上的事物再适合不过了！奥德丽弯下腰，双手在身后交叉。她看了看画下方的黄铜标签：

"一步登天，还是按部就班？"

绘画、蒸汽机、潜艇、女英雄，这些都属于经典物理学的范畴。我说的经典物理学是指三种理论的结合，它们是经典力学、电动力学和广义相对论。艾萨克·牛顿在17世纪创建了经典力学。经典力学描述宏观物体（肉眼或显微镜能看到的物体）以及它们的运动，比如莱特兄弟的飞机如何飞起来，抬起一块碑需要多大力气，齿轮如何使时钟嘀嗒运转。

詹姆斯·克拉克·麦克斯韦在19世纪为解释光现象创建了电动力学。光，是肉眼可见的辐射，包括蒸汽朋克时代照亮伦敦的煤气灯发出的光。电动力学还描绘了我们身体辐射的红外光、阳光里能损伤皮肤的紫外光，以及人类看不见的其他辐射。

电动力学启发阿尔伯特·爱因斯坦将他的广义相对论形式化。广义相对论在第一次世界大战期间首次公开发表，描述了有质量的宏观物体（如行星和恒星）的行为方式。利用广义相对论，我们可以将航天器送入太阳系，推测宇宙的形状，等等。

所有其他不能被这三种理论描述的物理现象称为非经典的。量子物理学是非经典的，它描述的对象往往是微观物体，质量也很小。例如，一个氢原子的直径约为千万分之一毫米，质量只有一丁点儿，是烤一片饼干所需要的糖的$1/10^{24}$。氢原子以及其他量子系统表现出经典系统所没有的行为。本章重点介绍量子行为。我们首先讲"量子化"这个量子物理学因此而得名的概念，然后沿着量子蒸汽朋克的旅行路线，介绍更多的其他量子行为。

{ 请注意脚下安全 }

让我们对照一下经典力学行为与量子力学行为。如果在万圣节去加州理工学院，你就可以目睹经典力学行为。每年万圣节，加州理工学院的本科生都会把重重的大南瓜拎到旧图书馆的屋顶上，用液氮冷冻一下，然后扔出去。

为什么选择旧图书馆而不是别的楼？因为那是加州理工学院最高的楼。学生们拎着南瓜爬得越高，在南瓜上投入的能量就越多。南瓜因抗拒地球引力而获得重力势能，南瓜获得的重力势能越多，下落时获得的动能就越大。经液氮冷冻的南瓜落地时的动能越大，速度就越大，杀伤力也越大。

南瓜"爬上"旧图书馆就能获得重力势能，无论是九层还是一层，无论是半段楼梯还是一个台阶，甚至几毫米都能。南瓜基本上可以获得或失去任何数量的能量——从零到对应于整个旧图书馆高度的能量。

南瓜获得和失去的能量是重力势能。原子也有能量，那是另一种常见类型的能量。根据量子理论，原子只能以固定的量获得能量。为了描述这种能量，让我们仔细看看氢原子，因为氢原子最简单。氢原子由一个质子和一个电子组成，质子形成原子核。质子带一个正电荷，电子带一个负电荷。正、负电荷相互吸引，电子围绕原子核运动，从而赋予原子一定的能量。原子的这种类型的能量只能具有固定的量，就像原子只能通过梯子爬上或爬下加州理工学院的旧图书馆，而每段梯子代表原子可能拥有的能量，如图2.1所示。原子可以从较低的梯级（称为"能级"）上升到较高的梯级，也可以从较高的梯级下降到较低的梯级，但原子不能停在两个梯级之间。

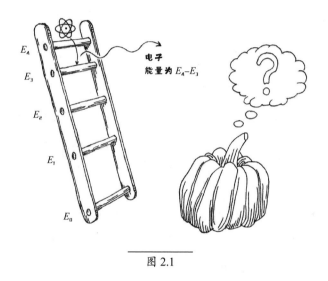

图 2.1

例如，图2.1中的原子从最高的能级开始运动，此时它具有的能量为 E_4。原子可以下降到下一个能级，同时发射一个能量包——一个光子（光粒子）。光子携带的能量等于两个能级的能量之差。原子可以重复这个过程，再下降一个能级，同时再发射一个光子。每个光子带走一定的能量。利用量子理论，可以计算出光子带走了多少能量。假设原子一步步下降到梯子的最低一级，最后一个光子携带的能量大约是距地面1米的南瓜的重力势能的 $1/10^{19}$。

我们称这些能量包为能量子，因为它们具有一些固定的值。同样，原子的电能也被描述为量子化的，因为它们可获得的能量是固定的。"量子物理学"的意思就是"固定能量包的物理学"。这让我的工作听起来像是关于"航空零食"的，有点儿让人不舒服。

在中学科学课上，我们把电子想象成绕着原子核飞速旋转的粒子。这种想象并没有捕捉到全部真相，但它捕捉住了真相的一些重要特征，所以有时具有使用价值。电子围绕原子核沿弯曲的轨道旋转。电子的速度包括大小和方向两部分。电子转弯时，它的运动方向发生变化，因此它的速度发生变化。

正如我们在中学科学课上所学的，电子携带负电荷。带电粒子通常一边加速一边辐射或发出光子。有了这种辐射，我们才能够通过无线电广播收听比利·霍利迪的爵士乐，她是我最喜欢的爵士音乐家。无线电唱片骑师迫使天线里的电子上下振动。每次振动，电子都切换方向（如从向上变为向下），它们都会加速并发出光子。光子传播到你的接收器，接收器将它们的能量转换为声音。

电子绕原子核沿轨道转圈导致辐射出光子，这会带走能量。辐射的能量越多，这些带负电的粒子就越不能抵抗带正电的原子核的引力。电子会以螺旋方式进入原子核，原子会崩塌。此时，物质不可能存在，收音机、无线电唱片骑师和耳朵也不可能存在，我们永远听不到比利·霍利迪的音乐。既然我听过比利·霍利迪的音乐，那么这种基于经典物理学的叙事方式肯定是错的。

量子化的概念通过允许原子仅具有一定量的能量化解了这个危机，也就是说原子能级到最低的能级就结束了。原子占据最低能级以后就不能继续下降了。此外，在那个能级，电子在原子核外千万分之一毫米处转圈。电子不能螺旋进入原子核，因为它不能再发射光子，原子没有更低的能级可以下降。

为什么梯子有最低的梯级？对于这种问题，量子理论几乎不能给出满意的洞察。物理学能够阐明"是什么"以及"如何"这类问题，有时还能帮助解释某种类型的"为什么"问题，例如"为什么天空看起来是蓝色的""为什么原子不会发生内爆""为什么马尾巴是这种形状的"。原子不会崩塌，量子理论揭示了什么防止原子发生内爆。物质的稳定性保证我们可以不停地问问题。

量子化并不像我们想象的那么"非经典"，经典系统的能量也可以表现得像量子化似的。比如，假设奥德丽·斯托克哈兹家有一罐祖传的果酱，在奥德丽的父亲还是个孩子的时候就有，一直放在储藏室里。储藏室里有一个十层货架，这个罐子一直放在十层货架的某一层中，已经几十年了。罐子的重力势能取决于它在货架上的高度。因此，在几十年里的大部分时间，罐子的重力势能一直是 10 个固定数字之一，也就是说罐子的重力势能表现得像量子化的一样。至于某个行为有多么"非经典"，我们以后再讨论。我们会估计量子蒸汽朋克的哪些部分可以用经典的方式进行模拟。

现在，我们只研究量子系统表现出的行为。我们将从自旋开始。

{ 让我转起来 }

想象一位芭蕾舞女演员身穿白色的紧身连衣裤，头上盘着发髻，脚蹬丝带足尖鞋。她将身体笔直地向上一挺，用一只脚的脚尖保持平衡，旋转两圈，平稳停住，几秒钟后将抬起的脚放回地面。只见她面不改色、纹丝不动，仿佛做这么高难度的动作比打哈欠还轻松。芭蕾舞女演员是运用角动量的女王。角动量是一个物理量。正如能量一样，任何绕轴旋转的物体都有这个物理量。一个物体有多少角动量取决于它的质量、它的速度以及它的每一部分质量到轴的距离。

原子里的电子有角动量。中学科学课讲电子围绕原子核运行。量子理论里有一个电子角动量的数学模型。

电子不仅有角动量，还有一个称为自旋的属性。芭蕾舞女演员没有自旋，尽管她有角动量。经典物理系统没有自旋，而量子粒子（如电子、光子、质子等）有自旋。

这个事实让早期的量子物理学家感到困惑。他们想知道这种类似于角动量的东西到底是什么。一些人猜想，电子不仅绕原子核旋转，而且能绕着轴自旋，正如地球除了公转还自转一样。为了验证他们的猜想，物理学家测量了电子的自旋、质量和长度[①]，计算了电子为了实现测出来的自旋而必须旋转的速度，发现这个速度大于光速。由于物体的运动速度不可能比光速更快，所以电子不可能以那个速度旋转。物理学家的结论是自旋一定不源于自转。尽管所用的数学工具与描述角动量时所用的数学工具相同，但对于自旋，我们还有一种工具。

速度包括两部分，一是大小，二是方向。角动量也是如此，也包括大小和方向。方向就是指向旋转轴的方向。例如，芭蕾舞女演员的角动量指向她的脊柱。同样，我们也可以赋予电子自旋一个方

---

① 电子实际上没有长度，我们稍后解释其原因。但不严格地说，可以想象电子填充了具有一定体积的空间。粗略估计，这个体积在某个方向上的长度是 2.5×10^{-15} 米。——作者

向。我们可以用一块小磁体控制旋转方向。我把每个电子想象成一个微小的箭头，它们被夹在球的中心，可以指向任何方向，箭头的尖端接触包围电子的球面上的任意一点（见图 2.2）。这个小箭头代表电子自旋。

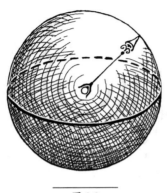

图 2.2

为什么我们要关心自旋？下一章将解释其中一个原因：自旋是存储信息的一种简单方式。虽然我们可以将自旋想象成被像小球一样的电子夹住的小箭头，但这种卡通式的想象对真相的描绘有点过于直白。为什么？下一个量子现象将予以解释。

{ 掀起波浪 }

小时候，我喜欢跳绳。跳绳为我研究物理学做好了准备。课间休息时，我和朋友们轮流抖动绑在金属栅栏上的绳子。有时放学后，我会溜出去做绳子抖动实验。

抖动绳子的一端形成一列波，波沿绳子传播。相邻的两个波峰之间的距离就是波长。抖动得慢时形成的波的波长较长，抖动得快时形成的波的波长较短（见图 2.3）。

图 2.3

波不仅沿绳子传播，而且可以在海洋中传播。量子理论将波动属性赋予物质，因此我并不完全赞同中学课本对电子的描述。把电子看作绕原子核飞驰的小球，可以帮助我们理解电子的一些性质。例如，想象测量电子的位置时探测器会在某些位置闪烁，好像 GPS 屏幕上闪烁的坐标一样。但电子并不是真的"坐"在那个坐标上的微型小球，那么电子有何不同？

我们可以赋予电子一个位置，但只有在测量的那一刹那才可以。在测量之前和测量之后不久，电子更像波而不是小球。波并不只占据一个点，它会延伸一段距离，由波峰、波谷和二者之间的空间组成。量子理论将电子解释为占据一定空间的波，波峰出现在原子核附近。测量电子的位置时，探测器更有可能在波爬升得高的地方闪烁。通常我们无法预测测量结果，因为波在整个空间中延伸。我们只能预测在这个位置或那个位置检测到电子的概率是多大。

所以，用于描述绳子的波的数学也是描述电子的数学。根据量子理论，物质和光都有波动属性，甚至你自己也有这种属性。我们称这种属性为"波粒二象性"。你的波长取决于你的速度，比如你在街上溜达时的速度。你在溜达时的波长是氢原子大小的 $1/10^{26}$，你以这个幅度上下起伏，就像波在绳子上上下起伏一样。不要担心这种起伏会让你的生活很恐怖，这么小的幅度没有人能观察到，所以你永远不会注意到自己也有波动性。

波动性贯穿整个量子物理学。想象一根跳绳的两端分别由奥德丽和巴克斯特拿着，奥德丽以某种速度上下抖动跳绳，于是一列波形成了，一串波峰和波谷传向巴克斯特。巴克斯特也可以抖出一列波，比如说他可以更快地抖动绳子的末端，而且上下抖动的幅度比奥德丽的更小些（见图2.4）。这时，绳子将处于"叠加态"，叠加起来的两列波仍然是波。我上幼儿园时没有学过叠加态，尽管我可以一边唱着童谣一边跳绳。

图 2.4

电子也可以处于叠加态，正如绳子上的波一样。想象测量一个电子的位置，用探测器读取测量结果。量子理论用高波脉冲描述电子，而这种高波脉冲类似于奥德丽上下抖动绳子时产生的波，其波峰位于探测器读取数值时所在的位置。如果探测器给出了另一个位置，波峰应该曾出现在那里。在测量之后等一小会儿，波会降低变宽。这是波叠加的结果，每列分波的波峰严格出现在相应位置。因此，我们说电子处于位置的叠加态。

并不是说电子要么在这个位置要么在那个位置，只是我们不知道它在哪里。电子没有明确定义的位置。在某种意义上，电子相当于本章开头提到的让奥德丽着迷的那幅画，一下子占据所有地方。这幅画的标题在问"一步登天，还是按部就班"，电子似乎回答"一步登天"。

在我们的世界里，让奥德丽着迷的那幅画有一个孪生兄弟，它挂在位于华盛顿特区的美国国家科学院总部。在一个春天，我确定了自己的大学专业后，曾进入这座大楼里。像奥德丽对那幅画着迷一样，我对这幅画也很着迷。我在办公室里摆放了这幅画的一个缩微版本，谢谢画家罗伯特·冯·弗兰肯的赠予。我的书桌与画中的书桌不同，但我在书桌边工作时的感觉颇似那幅画。

{ 一百个犹豫不决 }

我们已经探讨了4种关键的与量子理论有关的现象：量子化、自旋、波粒二象性和叠加态。下面介绍一种现象，它的特征在一首诗里得到了充分体现。这首诗是英国诗人托马斯·艾略特在1915年写的《普鲁弗洛克的情歌》，描写了一个中年人在人生游戏中的独白。他在拷问自己：

> 确实，总还有时间
>
> 来疑问，"我可有勇气？""我可有勇气？"
>
> 总还有时间来转身走下楼梯。

不确定性严重困扰着这个中年人，同样也困扰着量子物理学家。

到底是怎么回事？让我们的讨论从电子的位置延伸到电子的动量。动量反映了使一个物体停下来的难度：物体的质量越大，运动速度越快，动量就越大。假设我们刚刚测量了一个电子的位置。根据我们之前的讨论，现在这个电子的位置有了一个确定的值，但是这个电子的动量没有确定的值。如果我们现在测量这个电子的动量，我们的检测器可以显示任何速度值和任何运动方向，并且所有可能的动量都同样可能出现。动量的不确定性大得不能再大。

为什么是这样？因为如果电子的位置是确定的，那么它就处于不同动量的叠加态；反之亦然，如果动量确定，则位置处于叠加态。

我们一直关注极端情况：位置确定而动量最大不确定，反之亦然。但是，量子物理学容许中间状态存在。假设我们将一个电子放在一个盒子里，这个电子的位置就可以精确到几纳米。如果我们测量这个电子的动量，将得到几个可能的数字之一，而不再是所有的数字都有可能出现。位置越确切，动量越不确定，反之亦然。这种规律称为不确定性原理。

不只是位置和动量满足不确定性原理。回想一下，原子里绕原子核运动的电子有角动量，电子也有角位置（angular position）。假设你低头凝视一个原子，就像凝视桌子上的时钟一样，电子可能悬浮在 12 点位置，也可能悬浮在 3 点位置，等等。角位置可以与角动量交换不确定性。假设你把电子的角位置限制在 6 点，那么角位置就得到了良好的确定，而电子失去了确定的角动量。这时，电子绕着时钟飞速旋转，其速度无法确定。

如果你读过量子物理学的其他书籍和文章，可能就已经见过海森伯（又译作海森堡）的名字了，这个名字与量子不确定性有关。作为 20 世纪初量子理论的创立者之一，德国物理学家维尔纳·海森伯抓住了量子理论的不确定性，就像诗词界的普鲁弗洛克一样。海森伯凭直觉发现了位置和动量之间的关系，评估了二者之间的平等地位。从厄尔·黑塞·肯纳德开始，后来的物理学家将海森伯在数学上的认识提炼成一种不确定性关系。

难怪物理系总是流传着海森伯的笑话。有一天，一位警察在高速公路上拦住海森伯的车。"你知道你开得有多快吗？"警察问。"不知道，"海森伯坦承，"但我知道我在哪里。"

量子理论之外也有不确定性，第 1 章讲过一例：奥德丽不确定她的弟弟是在站岗、上厕所、喝酒或睡觉。我们用香农熵测量过不确定性。我们也许可以期望用熵衡量子不确定性。可以吗？可以，这正如艾略特的诗所描述的，普鲁弗洛克用多少茶匙咖啡衡量他的生活。

想象一个可以处于任何状态的电子，它可以处在一个位置、所有位置的叠加或几个位置的叠加。假设我们在测量电子的位置，探测器显示电子位于这个位置的概率为 p_1，位于那个位置的概率为 p_2，等等。这些概率有一个香农熵，就像奥德丽发现巴克斯特做这件事或那件事有一定的概率一样。

好，假设我们测量的不是位置而是动量。我们的探测器显示这个动量的概率为 q_1，那个动量的概率为 q_2，等等。这些概率也有香农熵。根据不确定性原理，这两个熵（位置熵和动量熵）之和不能为零，其中一个熵越小，另一个熵就越大。

因此，在量子物理学中，我们不可能逃避不确定性，正如普鲁弗洛克在艾略特的诗歌里逃避不了不确定性一样。普鲁弗洛克的不确定性不仅限于他自己，还延伸到他与其他人的互动。他问道："我可有勇气搅乱这个宇宙？"如果他是实验量子物理学家，他就没有机会为这个问题纠结。所有实验涉及测量，测量一个量子系统势必扰乱它。

经典物理系统缺乏这种敏感性。想象你在海边漫步，发现了一块漂流木，然后在阳光下仔细地观察它。光线照射到木头上，一些光子被木头吸收，其他光子被反射到你的眼睛里。这些光子不会伤害木头，因为木头的尺寸大，所含粒子多，足够结实。漂流木面对许多光子的轰击时可以岿然不动。

量子系统则不然，面对光子的撞击，它疯狂地眨眼，像午觉刚睡醒的少年，穿着睡衣，头发蓬乱，跌跌撞撞地走进厨房里找吃的。前面我们想象了一个动量有明确定义的电子，它以一定的速度向某个方向移动。这样的电子处于位置的叠加态。我们设想了如何测量电子的位置，比如向电子发射光子并观察它的最终位置。根据光子的最终位置，我们可以推断出光子在哪里撞击电子并改变行进路线。电子缺少木头的体量，几个光子对木头的撞击无关痛痒。因此，碰撞对电子造成巨大的创伤，其动量完全不能确定。测量严重地干扰了电子。换句话说，测量的干扰将量子理论与经典理论区分开。

谈起量子物理学，你也许听过有人说测量会使"波函数坍缩"。让一个波函数坍缩相当于把一个叠加的波函数变成只有一个波峰的波。准备好一个位置处于叠加态的电子，然后测量它的位置，也就是强迫电子取一个位置，就使波函数坍缩了。我不会过多使用"波函数"这个术语，量子计算科学家都不怎么用这个词。我将用"测量干涉"来讨论问题。

{ 他俩从此纠缠不休，直至永远 }

我是在疫情期间结婚的，当时我在波士顿做博士后研究。我的母亲一直想安排我们在家乡办婚礼，但我不想让亲戚、朋友、老师和一些量子物理学家因感染新冠病毒而丢掉性命，于是拒绝了这一安排。马萨诸塞州当时刚刚结束封城。我和未婚夫戴着口罩，在哈佛大学校园中的一块空地上，当着12位客人的面和一桶消毒湿巾宣布我们结婚了。

即使在疫情期间，人类也无法抗拒团聚和庆祝，60多位嘉宾通过视频会议软件参加了我们的婚礼，庆贺之词通过电子邮件、社交媒体和贺卡潮水般涌来。一位同事订购了一束鲜花放在我家门口，花束里插着一张卡片，上面写着"愿你俩永远纠缠不休"。我们收到的另一张卡片上写着"对于你俩的纠缠，我感到非常高兴"。我和丈夫对此感到惊讶不已。

怎么解释量子物理学家的这种奇特的婚礼习俗？"纠缠"是量子粒子间的一种关系，这种关系导致的相关性比其他任何经典粒子的都强。

对于两个物理系统，如果一个系统的变化可以用另一个系统的变化来跟踪，我们就说它们是相关的。让我用奥德丽的父母来解释相关性，他们都是考古学家。假设奥德丽的父母正在伊拉克进行考古挖掘，他俩每天给孩子们写一封信。信的第一段说爸爸妈妈多么爱他们，多么期待见到他们，第二段的话题每天不同。假设二人都在晚上写信，在动笔前总会讨论一下当天发生的事情。如果奥德丽的母亲写了那个星期发现的浮雕，奥德丽的父亲很可能也会写。父亲可能会描绘那个浮雕，正如母亲描绘的那样，二者高度相关。

现在假设母亲在晚上写信，而父亲在早上写信。父亲可能用很大的篇幅写了星期三早上发掘的古代陶器，母亲在那天晚上的信里也描写了这些陶器，但她在当天下午听到的阿拉伯诗歌可能分散了她的注意力。这样，第二段的话题的相关性可能差一点儿。

现在假设奥德丽的母亲正在编写一部阿卡德语词典。她的脑子总是想着那些浮雕、翻译和词汇，因此她写的信的第二段中充满了相关词汇，而父亲写的信的第二段说的则是浮雕、沙漠和自己的肠胃不适。父亲写的与母亲写的没有多大关联。

懂得了相关性，就可以解释纠缠了。假设奥德丽和巴克斯特各拿一个量子粒子（如电子）且凑得很近，随后这两个粒子可能开始相互作用。比如，这两个靠得很近的电子相互排斥，因为它们都带负电荷。有些相互作用会产生纠缠，其表现如下。

假设奥德丽姐弟俩让他们的电子的自旋纠缠起来，使自旋变成叠加态。然后巴克斯特把自己的电子带到远离奥德丽的地方，到房间的另一端，或者城市的另一端，甚至地球的另一端。奥德丽测量她的电子自旋的任一属性，比如是否向上（见图2.5）。她不知道自己的探测器会显示"向上"或"向下"。奥德丽一旦进行测量就会干涉她的电子，迫使它的自旋要么向上要么向下。由于有"纠缠"，奥德丽的测量也干涉了巴克斯特的电子的自旋。假设奥德丽进行测量的时候巴克斯特也在进行测量，奥德丽就能很有把握地预测他的测量结果（见图 2.6），尽管测量之前她无法预测，因为那时自旋处于叠加态。粗浅地说，由于两个电子发生了纠缠，奥德丽对她的电子的测量影响了巴克斯特的电子，尽管巴克斯特离她很远。

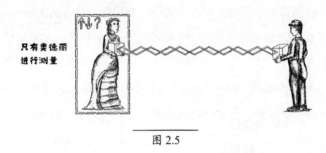

图 2.5

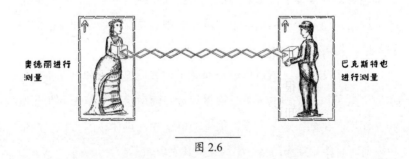

图 2.6

　　下面的叙事可能让我们非常不解，纠缠将进一步颠覆我们的直觉。假设电子自旋的纠缠建立起来之后，姐弟俩不分别测量自己的电子。他俩可以一起对两个电子的自旋进行某种特殊的联合测量（见图 2.7），那么他们在测量之前就有把握预测测量结果。

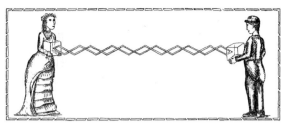

联合测量

图 2.7

这个结果令人惊讶。奥德丽无法预测她的电子，无论怎么测量，她也不知道探测器会显示什么结果。也就是说，奥德丽没有关于她的电子的测量结果的任何信息。同样，巴克斯特也没有关于他的电子的测量结果的任何信息。但是对两个电子一起进行测量时，姐弟俩完全可以预测测量结果。也就是说，姐弟俩有这个"电子对"的完整信息，但没有任何单个电子的信息，即有整体的完备信息，而没有部分的信息。

在经典物理学里，如果我们知道了所有关于整体的信息，就知道了关于部分的信息。例如，我在婚礼前就知道米歇尔和迈尔斯会来参加，我对他俩很了解。因此，根据经典物理逻辑，我对他们每个人也很了解。我知道米歇尔会参加我的婚礼，也知道迈尔斯会参加我的婚礼。在奥德丽和巴克斯特的那种情况下，他们对整体完全了解，但对部分毫不知晓。这听起来像胡言乱语。对于一个纠缠系统来说，整体大于部分之和。

我把纠缠现象看作粒子之间的某种共享的东西。纠缠不存在于任何单个粒子中，也不存在于分别测量每个粒子之后得到的"和"之中，它只存在于"粒子集合体"之中。

这种集体性使得纠缠生成的相关性比任何经典粒子的都强。我们想象了奥德丽和巴克斯特测量他们的粒子自旋是否向上的实验。在图2.6中，当且仅当奥德丽的探测器检测到"是"时，巴克斯特的探测器才会检测到"是"，结果完全相关。这种相关性看起来很强，但经典粒子可以模仿它。我们可以想象一个经典实验：奥德丽和巴克斯特把两个粒子放在一起，它俩投掷一枚硬币并一致同意硬币正面朝上时回答"是"，否则就回答"不是"。（并不是说粒子可以掷硬币和说话，只是说它们表现同样的效果。）

这个实验太简单，完全相关并不奇怪。我们可以设计更复杂的实验，正如物理学家约翰·斯图尔特·贝尔于1964年设计的实验。贝尔要求奥德丽每次实验时随机选择她将测量哪个属性，而巴克斯特在每次实验中随机选择他的测量。贝尔实验的细节超出本书范围，你可以在约翰·格里宾的著作《寻找薛定谔的猫：量子物理的奇异世界》中找到相关内容。我们只需要知道以下内容：假设奥德丽和巴克斯特多次做贝尔实验，奥德丽得到了许多测量结果，巴克斯特也得到了许多。姐弟俩可以计算他们的测量结果之间的相关性——巴克斯特的测量结果的变化在多大程度上跟踪奥德丽的测量结果的变化。这种相关性可能比任何经典粒子实验的结果都要强。

因此，我的同事对我们的祝福"愿你俩永远纠缠不休"的意思是"愿你俩的伙伴关系强大无比"。我的丈夫和我的体重比电子大得多，我们由多得多的粒子组成，占据的空间也大得多。我俩要用经典物理学来描述，无法纠缠起来，但这句祝福听起来让人感觉心里甜丝丝的。

{ 你在驾校里可学不到这个 }

既然我们已经遇到了纠缠现象，让我们再深入研究一下它的特征。让我们回到之前介绍的那个姐弟电子纠缠实验，奥德丽测量她的电子，巴克斯特也测量他的电子。在奥德丽进行测量之前，巴克斯特不知道自己的测量结果，但只要听到奥德丽报告测量结果，他就有把握预测自己的测量结果。这是怎么回事？

要回答这个问题，我们必须延伸对叠加态的理解。我们已经建立起粒子可以处于位置或动量的叠加态的概念，自旋也可以处于不同方向的叠加态。想象一列波向外传播穿过一个量子比特球，其中一个波峰在球的北极，另一个波峰在南极。这样的旋转不能指向一个确切的方向。你可以测量自旋是向上还是向下，造成一个干扰诱导自旋指向一个明确的方向。此外，一组自旋可以是所有指向一个方向的自旋和所有指向另一个方向的自旋的叠加。在二维平面上，我们画不出那列波，但实验物理学家可以在实验室里构造出这样的叠加态。

奥德丽和巴克斯特在让他们的电子纠缠时，可以构造一个由两个向上的自旋和两个向下的自旋组成的叠加态。奥德丽测量她的电子的自旋时就干涉了它，诱导它指向一个方向。她的测量和纠缠导致巴克斯特的电子的自旋指向同一个方向（见图 2.6）。

这种"导致"是瞬间发生的，也就是说使巴克斯特的电子的自旋与奥德丽的电子的自旋发生纠缠后，将他的电子的自旋带到偏远地区。光以约 30 万千米 / 秒的速度进行传播，但光不可能瞬间传播到偏远地区。根据爱因斯坦的相对论，任何东西都不能比光移动得更快。那么量子理论是否与相对论发生了矛盾？

如果用"信息"重新表述这个问题，我们将看到量子理论与相对论并不矛盾。相对论规定巴克斯特能破译的任何信息传递到他的速度都不能快于光速。假设巴克斯特测得他的电子的自旋属性与奥德丽的是一样的，巴克斯特将得到与奥德丽相同的结果，他会知道她的电子的自旋方向。我们可以认为那条信息是从她那里传来的，但巴克斯特只有知道要测量哪个属性时才能提取这条信息。也许奥德丽测量了她的电子的自旋是否向上、向左、向后，或稍微向上且稍微向前，但主要向右。无论是通过电报、邮件、烽火台还是通过信鸽，奥德丽必须想办法告诉巴克斯特她的选择。一只信鸽飞过这个国家来到偏远地区需要的时间比光更长。[①]

因此，纠缠并不违背爱因斯坦的相对论。奥德丽可以将一条信息装入瓶子内发送给巴克斯特，速度比光速还快，但瓶子始终密封着，直到光抵达。这条规则被称为"无信号原则"。你的驾校教练不可能喜欢物理学上的这条无信号规则，你在开车拐弯前一定要打信号灯示意。我们无法以比光速更快的速度发送信息。

我们已经看到了奥德丽和巴克斯特让电子的自旋纠缠起来的一种方式，如果姐弟俩都测量各自电子的自旋是否向上，则测量结果完全相同。两个测量结果最大相关时，我们说在这种情况下两个电

---

① 为什么奥德丽不能在与弟弟分手之前告诉他她将选择测量什么？那等于作弊。奥德丽希望利用纠缠以超快的速度将信息（即她的测量结果）发送给巴克斯特。如果她在游戏开始之前就告诉他她即将测量什么，巴克斯特事先就已经有了一部分推断奥德丽的测量结果的信息。弄清楚奥德丽的测量结果有点像猜字谜。一开始就知道奥德丽怎么测量就像猜已经部分填好的填字游戏——这就是作弊。——作者

子发生了最大纠缠。巴克斯特可以选择不让他的电子的自旋与奥德丽的电子的自旋发生最大纠缠，而是与卡斯皮安的电子的自旋发生最大纠缠，但巴克斯特不能既让他的电子的自旋与卡斯皮安的电子的自旋发生最大纠缠，又与奥德丽的电子的自旋发生最大纠缠。纠缠符合"一夫一妻制"，正如我的同事总是提醒我的丈夫。

然而，并非所有纠缠都是最大纠缠。巴克斯特可以让他的电子的自旋与卡斯皮安的电子的自旋发生部分纠缠，与奥德丽的电子的自旋也发生部分纠缠。如果奥德丽和巴克斯特测量各自电子的自旋是否向上，那么姐弟俩只会"有时"得到相同结果，测量结果弱相关。因此，我们可以将"一夫一妻制"的定义一般化为：巴克斯特的电子的自旋与一个系统发生的纠缠越强，它与其余系统发生的纠缠就越弱。

我们可以想象巴克斯特是这样的男孩：他的口袋里塞满棉絮，但仍有很多破洞，塞进口袋的每枚小硬币都从破洞中漏掉。不要指望他能保护自己的电子免受附近零散的光子、原子和其他东西的影响，他的电子会迅速与眼前的一切纠缠起来。无论巴克斯特多么想让他的电子与奥德丽和卡斯皮安的电子发生纠缠，新的纠缠总会弱化他的电子与奥德丽和卡斯皮安的电子的纠缠。因此，我们说环境会使巴克斯特的电子的自旋"退相干"。不管你怎么测量这 3 个自旋，它们都不会产生强相关。通过这种方式，退相干将量子系统降级为类似的经典系统。因此，我收到的花束里插着的卡片上应该这样写才完整："愿你俩永远纠缠在一起，永不退相干。"

{ 咱们出发吧 }

以上我们概述了7种量子现象。一是量子化，将原子限制为只能具有一定的能量。二是自旋，描述自旋的数学方式与角动量相同，但自旋并非源于旋转，电子的自旋可以想象为指向某个方向的箭头。三是波粒二象性，将量子系统比作在空间中传播的波。四是叠加态，正如你用绳子制造的波的叠加态一样，量子系统也可以处于位置（或动量、自旋方向等）的叠加态。如果你测量系统的位置，就无法预测探测器将显示哪个位置。五是不确定性原理。你越准确地预测位置的测量结果，就越不能准确地预测动量的测量结果，反之亦然。六是干涉，测量一个量子系统意味着你会干涉它，即迫使位置的叠加态变成一个确定的位置。七是纠缠，粒子可以纠缠起来，信息不是编码在一个粒子中，也不是编码在分别处理过的粒子的总和之中，而是编码在粒子集合中。纠缠遵循"一夫一妻制"。巴克斯特的电子与奥德丽的电子发生的纠缠越强，它与其他东西的纠缠就越弱。纠缠使粒子退相干，防止它们产生强相关。

那么，让我们走吧。正如普鲁弗洛克所说，学完了量子物理学，让我们将它应用于信息处理吧！

第 3 章

量子计算
一步登天

"一步登天，还是按部就班？"奥德丽自言自语道，刚才那幅画的名字耐人寻味。她将身体向前倾了片刻，面朝画作的黄铜标签，双手在身后紧握着，然后猛地挺直身子，像受到压缩的弹簧那样突然弹开。

"一步登天！"她大声说。

概述了信息论和量子物理学之后，我们将二者结合起来，简要讲一下量子计算。量子计算机可以利用纠缠等量子现象处理信息，其效率比经典计算机的效率更高。量子计算机的信息存储方式与经典计算机的不同，我们将从量子信息的基本单位开始介绍，它相当于经典的比特。然后，我们具体指出为什么量子计算机很有用，它是如何抓住和获得工业界与政府的兴趣和投资的。我们将看到量子计算机是怎样构成的，然后讲述第一个量子的"肝"——我的意思是量子熵。

卡斯皮安经常到奥德丽家找她，仆人把他当作自家人带进来。卡斯皮安可能在书房里找到奥德丽，看见她在书桌边看书或写字。

如果他没有找到她，就会将她的笔筒里的一支铅笔转过来，让笔尖朝下，而其他铅笔的笔尖仍旧朝上。奥德丽回来后得到 1 比特信息：如果一支铅笔的笔尖向下，而其余铅笔的笔尖向上，那么就说明卡斯皮安来找过她；如果所有铅笔的笔尖都朝上，那么就说明卡斯皮安没来过。

第 1 章讲过比特的概念，区分两个同等选项所需的信息量就是 1 比特。如果任一物理系统有且只有两种可能的配置，我们就可以用 1 比特来描述，比如铅笔尖朝上或朝下，神经元受到刺激或未受到刺激，电流通过或不通过晶体管，硬币正面朝上或朝下。

一个电子的自旋可以代表 1 量子比特（qubit）。其他一些量子实体也可以用来代表量子比特，正如铅笔、神经元、硬币都可以代表（经典）比特一样，但电子自旋是一个很好的简单例子。尽管量子比特被定义为量子信息的单位，但有时也指编码了一个量子信息单位的物理实体，例如一个自旋。

我们用一个箭头表示电子的自旋，这类似于一支铅笔。奥德丽的笔筒限制铅笔尖只能朝上或朝下，但电子的自旋还可以向左、向右、向前、向后，或大部分向前而只有一小部分向下，以及指向其他任何方向。正如第 2 章所介绍的那样，自旋存在无限多个方向。铅笔尖的两个方向代表奥德丽一看见铅笔就可以分辨的两个选项。奥德丽可以分辨的选项越多，她获得的信息就越多。那么，我们能不能从 1 量子比特中获取无穷多的信息呢？

答案是不能，正如每当巴克斯特提出一个好主意时，奥德丽都会说"不"。量子物理学限制我们测量自旋时只能测有两个结果的属性。比如，我们可以测量自旋是向上还是向下，是向左还是向右，或沿任何一根轴的两个方向。更糟糕的是我们的测量会干扰自旋，正如第 2 章所述。干扰自旋就改变了它编码的信息，这就像重重地拍打铺着拼字游戏板的桌子，让小卡片乱跳打乱次序，改变编码在拼字游戏里的信息。如果自旋最初的指向是向右，而我们测量它是向上还是向下，则自旋最终的指向将被迫改为向上或向下。因此，按顺序测量多个属性并不能揭示自旋最初的指向。

既然测量 1 量子比特只能得到 1 比特信息，为什么还要将信息存储在量子比特中？为什么不将信息存储在笔尖朝上或朝下的铅笔里？我们一测量子比特就会破坏它，但我们不会因为观察铅笔尖的指向而破坏铅笔呀！此外，我们可以设计一个能让铅笔尖指向任何方向的小装置。有了这样的万向铅笔，奥德丽就可以得到多于 1 比特的信息。铅笔尖朝上的意思是卡斯皮安来过又走了，向左可能表示他正在台球室里等待，向右上方可能意味着他将在 1 小时内回来，等等。铅笔似乎能编码比电子自旋更多的信息。那么，为什么要将信息存储在量子比特中呢？

原因是量子比特可以发生纠缠，纠缠可以帮助我们用比经典比特少的量子比特解决问题，某些情形下所用量子比特的数量呈指数式下降。让我举一个关于报纸周末版上的字谜的例子，帮助你理解这是为什么。我上中学时很喜欢做报纸周末版上的字谜题，我的父母和哥哥要看报纸的其他部分，而我则解字谜寻找字谜里的单词。Jumble 谜题给了一串打乱次序的字母和一排空格。我必须将字母重新排列成一个单词，在每个空格内填写一个字母。

最简单的保证有效的策略是信息理论学家所称的蛮力搜索，即穷尽所有可能的字母排列，直到单词出现。每一种可能的排列将填满一排空格。假设我们得到的一串字母为 HIGAFRNT，则可以选择其中一个字母填充第一个空格，然后选择剩下的 7 个字母中的一个填充第二个空格，以此类推。我们需要大约 40000 组空格才能得到所有的排列。

假设每个周日报纸上刊登的 Jumble 谜题总是比前一个周日的多一个字母。为了蛮力破解谜题，我们每周需要用更多的草稿纸，所需的草稿纸多得惊人，呈指数式增长。这时，我更情愿采用量子办法以节省日益增多的草稿纸。

现在我们不用铅笔排列字母，而是用原子。原子能级的每一个梯级代表一个字母。如果原子占据最低能级，则编码为 A ；如果原子占据次低能级，则编码为 B ；以此类推。26 个字母按能级从低到高依次编码。（我们需要防止原子爬向更高的能级，通常的办法是让原子冷却，防止它获取更多的能量。）我们可以用 8 个原子，将它们置于相应能级的叠加态中，从而与一种可能的字母排列的叠加态相对应。我们甚至可以将任意 8 个字母所有可能的排列方式都叠加起来，如图 3.1 所示。

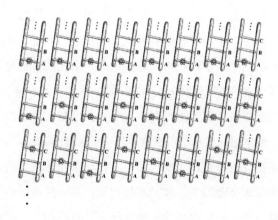

图 3.1

幸亏可以叠加，我们不需要一组一组空格来编码所有的字母排列方式，而只需要 8 个原子就够了。在某种意义上，量子系统可以比经典系统更紧凑地存储信息。此外，准备一次叠加只需要不到 1 秒钟的时间，而写出 40000 个字母序列则需要好几天。更一般地，量子系统可以比经典计算机更快地解决某类问题。

　　尽管有这些优势，仅仅把若干原子叠加起来还不能解 Jumble 谜题。谜题的解是叠加态的一个组成成分（图 3.1 中的一行），我们必须从这些原子中提取出谜题的解。我们需要采用一些算法，遵循一些运算步骤，最后测量一下才能得到谜题的解。最简单的算法在测量之前不需要任何运算步骤。准备好叠加态之后，即可测量每个原子的能量，获得字母的某种排列方式。但是这种排列方式是从所有可能的排列方式中随机选择的，很可能不是谜题的解。从叠加态中提取真正的解需要技巧。粗略地说，我们必须"剪枝"，尽可能从叠加态中修剪掉错误成分。

　　量子计算科学家专门研究这种"修剪"，就像园丁一样，但他们用量子物理学的剪刀进行修剪，而不是用园艺剪刀。量子计算科学的核心任务就是求 Jumble 谜题的广义解，量子计算机解决这类计算问题的速度比传统计算机的速度更快。量子计算机由原子或其他量子实体构成，而不是由今天的晶体管构成的。

　　通常，我们如何使用量子计算机解决计算问题？类似于在高中数学课上解数学题，我们首先拿出一张空白草稿纸，然后在上面写写画画打草稿。高中时代，我们需要很多空白草稿纸，计算机也需要很多"空白草稿纸"。在经典计算机中，"空白草稿纸"由编码为"0"的晶体管组成。所谓经典计算机的计算就是将其中某些位翻转

为 "1"，然后翻转其他位，也许会将一些位翻转回 "0"，以此类推。最终，位的状态记录了正在求解的问题的答案。量子计算机没有晶体管，而是用电子的自旋或原子等其他量子实体来编码量子比特的。所有量子比特都初始化为 "0"，即自旋方向为向上。我们如何诱导量子比特，比如使电子自旋的方向为向上？我们可以使磁体的 S 极靠近电子的上方，磁体的 N 极靠近电子的下方（见图3.2）。磁场的方向为从 N 极指向 S 极，也就是从下方指向上方。然后我们让自旋冷却，降低它的能量。自旋方向与磁场方向对齐时，自旋的能量最小，因此自旋箭头指向上方。

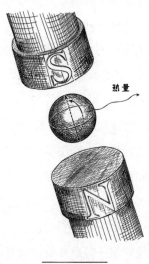

热量

图 3.2

准备好量子比特后，我们运行一种算法，施加量子逻辑门。逻辑门运算是量子计算的基本步骤，类似于传统计算中的加减法。算法创建了一个巨大的叠加态。大致可以说，我们应尽可能"修剪"

掉叠加态里的不良成分。怎么修剪？对许多计算问题来说还不清楚，因为操纵叠加态比修剪灌木麻烦得多。量子计算科学家已经开发了一些算法，用量子计算只能解决少数计算问题。这些算法利用了纠缠。

在算法运行结束时，我们测量每个量子比特是否指向上方。如果我们可以"修剪"掉叠加态中所有不需要的部分，计算问题的解就得到了，但我们往往不能将需要的成分完全"修剪"干净。因此，我们的测量结果只能给出一个输出概率较大的解。为了弥补这个缺点，我们重复这个过程：准备好量子比特，再次运行这种算法。最后，运行一次多数投票算法，我们猜测最常见的测量结果就是解。如果我们做的实验次数足够多，就可以提高猜对的概率，直到我们满意。

量子计算机求解某些计算问题的速度比经典计算机快得多，在某些情况下计算速度呈指数式增长。对于另外一些问题，量子计算机与经典计算机相比没有优势。例如，我不建议你使用量子计算机来做银行账目中的收支平衡计算。Jumble 谜题介于二者之间：量子计算机的求解速度可以比经典计算机的更快，但不一定呈指数式增长[1]。尽管如此，运算速度还是激发了研究机构、工业界和政府部门对量子计算的兴趣。

一种最早、最著名的量子加速算法是由彼得·肖尔发明的。彼得是麻省理工学院的一位数学家，他戴着眼镜，身上散发着小天使般的气息。在麻省理工学院访问期间，我常常看到他的白色卷发和温和的笑容。

---

[1] 为什么不一定呈指数式增长？因为简单地说，从叠加态中"修剪"掉不需要的成分比较困难。——作者

彼得点燃了人们对量子计算的热情，这股热情已迅速蔓延至政府部门、企业和大学。1994年，他提出了一种素数分解算法。素数是只能被其自身和1整除的整数，比如2、3、5、7和11都是素数。在中学数学课上，你可能做过素数分解，比如15的素因数是3和5。

一道中学数学题怎能"点燃"一个科学领域？分解15容易，可分解其他大数并不一定容易。例如，你能猜出879337的素因数是719和1223吗？也许你可以列出所有小于879337的素数来找到它的素因数。用879337除以最小的素数，检查结果是不是一个整数，如果不是，就用879337除以下一个较小的素数，以此类推。我们知道还有更快捷的算法，但如果给出的数字非常大，则计算需要很长时间。

彼得发明了一种在量子计算机上快速进行素数分解的算法。与经典算法比起来，数字越大，量子算法运行得越快。量子算法和经典算法的差距随数字变大而呈指数式增长。

我想，如果你是一名中学生，你的心里一定高兴坏了。但是，政府部门为什么关心素数分解呢？因为素数分解是密码学的基础，而密码学是网络交易安全的守护神。比如，你想在线查看自己的银行账户。你打开浏览器，登录银行网站，输入用户名和密码，提取自己账户的对账单。对账单应该只有你和银行的工作人员才能看到。银行将加密后的对账单发送到你的计算机中，加密后的对账单在窃密者看来像一串随机字符。你的计算机收到加密的信息之后进行解码，你就能检查自己是不是在宠物美容店为宠物狗花了100美元。

我们对信息进行编码和解码时使用的加密方法叫作RSA。R、S、A分别是麻省理工学院的3位科学家李维斯特（Rivest）、沙米尔（Shamir）、阿德尔曼（Adleman）的英文名字的首字母。他们的加密方法依赖大数分解的难度。如果有人知道如何快速分解大数，他就能够破解网络交易。各国政府正在竞相制造量子计算机，为的是防止其他国家抢先一步破解 RSA 加密信息。不过，现在不用担心你的网上订单。量子计算机的功能现在还不够强大，不够可靠，不会威胁到你的网络交易安全。制造强大可靠的量子计算机还需要好几年甚至好几十年的时间。

{ 制造一台量子计算机，世界将开辟一条通往你的实验室的道路 }

大多数人将量子计算机的概念归功于理查德·费曼。1965 年，费曼阐明了光的量子特性以及光与物质的相互作用，因而获得诺贝尔奖。他设计了一些简单方法解决量子理论中的难题。假设我们是化学家，正在设计一种分子，或设计一种体现量子特性的新材料。我们必须预测这种材料在高温、低温、磁场等环境中的行为。我们在计算机上模拟这种材料，从而做出我们的预测。我们一开始只模拟材料的一小块，然后模拟更大的一块，再模拟整块材料。随着模拟对象增大，所需时间呈指数式增长。费曼意识到，一种量子材料可以用量子计算机进行模拟，模拟所需的粒子数量同这种材料所包含的粒子数量一样多。

费曼在 1982 年提出了量子计算机的概念，而尤里·马宁比他早两年提出过这个概念。马宁是在德国工作的俄罗斯数学家。我在攻读博士学位期间接触过马宁的深刻见解，当时我给阿列克谢·基塔耶夫教授做助教。阿列克谢与合作者设计了一种基于拓扑的量子计算机，拓扑是与几何学相关的数学领域。阿列克谢几年前住在俄罗斯，他在课程中着重介绍了他的俄罗斯同事的贡献。在某些物理学的子领域，西方科学家总是重复这样的说法：无论你发现了什么，总可以在 20 世纪 60 年代和 80 年代之间发行的某种苏联期刊上找到一篇相关的论文。马宁关于量子计算机的洞察正体现了这一点。

马宁和费曼构想的量子计算机概念在 20 世纪 80 年代得到进一步发展。保罗·贝尼奥夫提出了如何用量子构件制造计算机的理论。这里我特别高兴地告诉你，贝尼奥夫是从热力学中得到启发的。科学家一直在争论是不是所有的计算机都会浪费能源。我们的笔记本计算机总是发热，是不是所有计算机都一定会发热，或者可以避免发热？计算机电池产生的热量有没有可能不散布到空气中？贝尼奥夫为了搞清楚最小耗散能量是多少，转而研究微观世界的物理学——量子理论。[1]

几年后，戴维·多伊奇描述了用量子计算机可执行和不可执行的计算。戴维是牛津大学的一名物理学家，以"隐士"著称。他很少离开位于郊外的家，我过去在与英国物理学家合作期间常在下午茶时分拜访他。有时，我会问一个问题。不论我问的问题是与物理、哲学、宗教、教育、童话、语法、小说有关，还是与宝可梦游戏有关，戴维总是"高谈阔论"。我感觉他的"高谈阔论"与深刻和藐视正统遥相呼应，这样的思维方法有助于他为量子计算奠定基础。

费曼提出的是一种量子模拟机，是一种专用的量子计算机，只

---

[1] 科学家的结论是计算机可以避免浪费能源，但只有通过无限缓慢地运行才有可能。我更喜欢用笔记本计算机，不管它是不是过热，因为我无法忍耐等到宇宙死亡的时候它才计算出我每月买菜的费用！——作者

能解决一类问题。他主张为研究一类材料或一类分子专门制造一台模拟机。其他计算机是通用的，你可以通过编程解决任一计算问题，然后通过重新编程解决其他问题。戴维将费曼的量子模拟机概念推广到通用量子计算机。他的梦想是：一组量子粒子由一组量子逻辑门进行处理。这样，戴维把量子物理学与计算机科学结合起来了。现在的科学家和工程师正在努力将他的梦想变成现实，而这也是费曼和马宁的梦想。

戴维在 1985 年发表的一篇论文中开始探讨量子计算机。我想特别指出这项工作的一个亮点：戴维对计算机科学原理与热力学定律进行了比较，认为二者在逻辑上是相同的，计算无法逃避热力学。

在戴维发表他的具有划时代意义的论文 9 年之后，1994 年彼得·肖尔又投下了一枚"炸弹"。在他提出的素数分解算法的鼓舞下，物理学家、计算机科学家、数学家和电气工程师纷纷转行研究量子计算。但当时量子计算还算不上一个领域，20 世纪 90 年代可以被视为量子计算的"牛仔时代"。这个领域又小又乱，不怎么受重视，很少有会议、资金支持和工作机会。第一批在量子计算的"狂野西部"成长起来的学生在 20 世纪 90 年代末和 21 世纪初取得了博士学位。那时实验物理学家已经开始实现小型量子电路，发展势头一路向上，直到大学、政府机构和企业再也不能忽视量子计算的存在。

大约在我攻读博士学位的时候，资金开始涌入这个领域，这个领域得到了认可。谷歌、IBM、微软、霍尼韦尔等公司开始雇用量子物理学家，像雇用软件工程师一样。世界各地的大学竞相建立量子研究所。量子计算脱下了狂野西部的马裤和马靴，换上了学院式的休闲裤和休闲鞋。

过去几年，流行文化似乎也掀起了量子热潮。电视节目《开发者》拍摄了某量子计算公司的一名软件工程师，UPS公司将其包裹跟踪系统称为"量子风景"，一种洗碗机清洁剂被命名为"量子亮碟剂"，还有男人用的"量子止汗剂"。关于量子计算的文章出现在《纽约时报》《卫报》《华盛顿邮报》上。这一切正如2018年上映的电影《蚁人2：黄蜂女现身》里的一个反面人物所说的："你可以忘记纳米技术，忘记人工智能，忘记加密货币，但量子计算是未来，是下一个淘金热潮。我一定要加入进来。"这部电影的续集的副标题为"量子狂潮"，预计将在本书原著出版后一年内上映①。

我对量子狂潮的看法与许多量子科学家一样，首先感谢人们对我们的工作的热情。当然，我们会与你共享这份热情。正是因为这样，我们才会对科研投入这么多心血。其次感谢有关方面对这项事业的投资，他们为学科建设、学生培养和技术开发提供资金。但是，我觉得有必要对炒作泼一泼冷水。

今天的量子计算机包含50～100个量子比特，这些计算机总是错误百出。实现量子计算需要数万或数十万个量子比特，大多数量子物理学家认为量子计算是可能实现的，但需要时间、耐心、辛勤的劳动和持续不断的资金支持。科学家开玩笑说，距离量子计算机的实现还有20年时间，因为总是还有20年时间。我希望量子计算机的研制最终成功，但不需要等那么久。也不是对所有问题来说量子计算机都比经典计算机解决得更快。我也不指望像买一台笔记本计算机一样为家里买一台量子计算机。当然，几十年前专家们也没

---

① 《蚁人与黄蜂女：量子狂潮》这部电影在2023年初已经上映。——译者

想到普罗大众想要个人计算机。让我们冲一杯菊花茶，深吸一口气，仔细看看炒作背后的真相。

{ 量子信息的"心态" }

量子计算迟早有一天将给信息安全带来冲击，为此密码学家正在寻找方法抵御量子计算的冲击。另外，量子物理学也为密码学家提供了支持。回想第2章讲过的测量干扰：一接触量子加密信息就会干扰它。因此，发送者和接收者能检测到是否有窃密者干扰过信息传输。银行目前还不需要量子密码学，但许多科学家预期这是迟早的事，早点采用量子加密技术可以为客户提供更安全的信用卡服务。

许多科学家预计量子计算机首先以模拟的形式出现。量子模拟计算机的功能比通用计算机少，但所需要的资源也少。人们在量子模拟计算机的研制方面已有新的发现，例如物质的相态。我们日常见到的水有3种相态——固态、液态和气态。多粒子量子系统可以占据其他相位，其中某些相态可以用纠缠加以区分，正如固态和液态可以用刚性来区分一样。量子模拟计算机可以进入这些相态，这有助于指导我们设计新材料。

我更重视的是量子计算机本身的价值而不是它们的应用。量子计算机的研制催生了计算之外的其他技术，比如计量学（关于测量的科学）。测量任何物体都有精度，而纠缠和不确定性提高了长度测量的精度。在我的博士研究即将结束时，加州理工学院的两位物理学家因探测引力波而获得诺贝尔奖。现在探测到的引力波来自很久以前的两个黑洞的碰撞，抵达地球的引力波对这里的空间有轻微的挤压。利用量子计量学，科学家检测到了这些轻微的挤压。

再举一个关于量子计量的例子。两年前，我访问科罗拉多大学博尔德分校，遇到了一件让我尴尬的事情。和马里兰大学一样，那所大学与 NIST 合办了一个量子研究所。这个研究所运行着一台世界上最精确的时钟，它的工作原理是原子能量的量子化。抵达科罗拉多一天多之后，我才意识到我的机械手表显示的仍是美国东部时间，我还没有将时间向后调两小时。这时我看见了一座数码挂钟，它的上面贴着 NIST 的标签，红色的数字像眼睛一样盯着我，仿佛很生气。我感到很尴尬。

量子计算不仅孕育了看得见、摸得着的技术，还孕育了新的数学语言和概念工具。科学家现在分析量子系统时依据的是这些系统存储、转换和传输信息的方式。为了阐明经典物理学与量子物理学的区别，我们需要指出哪些信息处理任务是量子系统可以胜任而经典系统不能胜任的。我们将通过信息论创始人克劳德·香农磨制的镜头来透视量子世界。我们是量子信息科学家。

量子信息科学涵盖计算、密码、通信和计量，涉及的领域从物理学和计算机科学延伸至化学、数学、电气工程、生物学和材料科学。在物理学中，量子信息科学的影响波及原子物理学、光学、粒子物理学、核物理学、凝聚态物理学（关于固体和液体的研究）、生物物理学、黑洞物理学和量子引力（试图将研究微观世界的量子理论与研究宏观世界的广义相对论统一起来）。同样，热力学也逃脱不了量子信息科学的影响，本书后面将予以介绍。

塞斯·劳埃德写了一本书《为宇宙编程》，他在书中捕捉到了量子信息心态（quantum information state of mind）。塞斯是麻省理工学院的一位教授，我有一条关于他的意见可供参考：如果你有什么关于量子计算的新想法，翻一翻他在几十年前写的论文，可能会发现他在其中一篇中提到过这个想法。塞斯在书中写道，所有粒子都编码了一定的信息。每当粒子发生碰撞时，它们就在穿过一道"逻辑门"，但这不一定是帮你算出需要给出租车司机多少小费的那种逻辑门。我们可以通过跟踪粒子之间的信息转换来了解粒子的物理作用机制。我们可以将每一个过程（即每一次碰撞、每一次相互作用）看作一次信息处理或计算。本书使用的量子信息科学和量子计算这两个术语几乎可以完全互换，尽管二者在技术上有差异。

｛ 参观实验室 ｝

量子计算机由什么组成？当今最好的计算机大多是经典计算机，它们由晶体管组成。[①] 虽然描述电子如何通过晶体管的理论是量子理论，但晶体管在使用上与 20 世纪初的真空管没有本质差异。就像真空管一样，晶体管也代表比特，只是更小一点。我的笔记本计算机里的粒子不能相互纠缠（或者说不能纠缠得太厉害，不能做有用纠缠）。纠缠使得量子加速成为可能，因此量子计算机需要用量子部件取代晶体管。实验人员和工程师正在基于许多平台和各种类型的硬件制造量子计算机。这里我将概述其中的 3 种，本书后面会介绍其他几种。

---

① 直到几年前，我都会说"经典物理学足以描述今天的计算机"，但量子计算机现在已经存在了。它们很小，而且有很多缺陷，就像农贸市场关门时留在地摊上的最后一个苹果。但是，量子计算机是存在的。——作者

我在 IBM 的一个研究所中看到了第一种量子计算平台，那里离纽约有 1 小时的车程。IBM 量子计算机看起来像用磨砂玻璃和石头建造的宏伟建筑，令人想起美国艺术家弗雷德·阿斯泰尔。它虽有几十年的历史，但依然很经典，所采用的技术一点也不过时。IBM 基于超导量子比特技术（冷却到低温的微型电路）制造了这台量子计算机。超导是某些量子材料的特性，超导材料中的电流可以永远流动，而不被耗散掉。假设电流在超导电路中沿逆时针方向流动，则电流扮演的角色是向上的电子自旋，模拟量子比特 0；沿顺时针方向流动的电流扮演的角色是向下的电子自旋，模拟量子比特 1。电流也可以处于双向流动的叠加态。

我在参观 IBM 的量子计算实验室时看见了 7 个像壁橱一样大的容器。实验物理学家尼克·布朗带领我参观，他找到了一个没有运行的容器，里面环绕着金色和银色的导线、盘状物和管道。好莱坞的电影摄影师一定会说，没有比这更绝妙的蒸汽朋克背景了！

"这是冷藏室。"尼克说。

浪漫主义者可能希望量子计算机这种未来技术看起来更有未来感。幻想家会将容器、银线和金线想象为量子计算机，但是容器与量子计算机的关系就像冷藏室与鲑鱼片的关系一样。这些导线帮助实验人员将量子比特转化为计算过程。量子计算机在哪里？它由手掌大小的芯片组成。当然，芯片是锃亮的。设计芯片需要蒸汽朋克精神，需要创新和辛勤工作。

我拿冷藏室开玩笑，但冷藏室应该得到与芯片一样多的掌声。最应该大声喝彩的是量子热力学家。冷却，即排出热量，是一个热力学过程。IBM 的冷藏室将超导量子比特冷却到接近绝对零度（可达到的最低温度）。当我的丈夫听到这种冷藏室可以多快的速度冷却量子比特时，他对它的名称提出了异议。

"你们称它为冷藏室吗？"他说，"它可以冷却到世界上的最低温度，你们至少应该称它为冷冻柜吧？"也许你可以称它为稀释制冷机，这听起来更科学。

第二种量子计算平台几乎影响了我的纠缠——我的意思是我的结婚计划。搬到哈佛一年后，我的未婚夫问我想要什么类型的订婚钻戒。我开玩笑说我更喜欢那种有许多缺陷的钻石，因为有缺陷才可能在上面运行量子算法。钻石由以重复模式排列的碳原子组成。想象挤出相邻的两个碳原子，它们的位置用一个氮原子替换，生成的结构就含有可编码量子比特的电子。珠宝商会说这种钻石有缺陷，失去了光泽，因而也就失去了装饰作用。此外，量子计算所用的钻石要么是纳米级的，小得看不见，要么是安装在某种特殊材料上的矩形板。我的未婚夫没有给我买量子钻石，而是买了传统的钻石。

第三种量子计算平台由原子核组成。与电子类似，原子核也有自旋，可用作量子比特。多个原子核，也就是多个量子比特，簇拥成分子。我们可用磁场控制这些量子比特执行量子逻辑门的运算。这种控制加上对自旋的测量构成一个被称为核磁共振（NMR）的实验工具箱。医生使用 NMR 将人脑的影像投射在磁共振成像仪里。并不是说医生在你的大脑中做量子计算，而是磁共振成像仪利用磁场识别出你的大脑里的核自旋并进行拍照。这种量子计算机可以在室温下运行，正如你的大脑可以在室温下运行一样。因此，不需要壁橱大小的冷藏室是这种量子计算机的优势。但是，如果你想扩大这种量子计算机的规模，用原子核堆积成分子，在化学上比较难以实现。

　　以上我们看到了量子计算机的 3 种硬件平台，另外还有更多的平台，并且各个企业和大学有不同的选择。每个平台，就像马的品种一样，各有优缺点。比较它们的优缺点需要一本书的篇幅，我在这里就不介绍了。哪个平台最终将赢得量子计算的竞赛？没人知道。也许最终取得胜利的是混合平台——利用每个平台的优点。我属于混合平台啦啦队，从事跨学科领域研究的我更偏爱合作，而不是竞争。

{ 量子信息论绝不仅仅是线性代数 }

　　作为一名理论物理学家，我欣赏量子计算机，但更欣赏描述它的数学语言。这种数学语言称为线性代数。线性代数是什么？我在大学学习这门课时曾试着向朋友解释线性代数是什么。还记得你在中学遇到过的最简单的方程组吗？比如，如果珍妮和约翰尼总共遛了 11 只小狗，而且珍妮比约翰尼多遛了 3 只小狗，问珍妮遛了多少只小狗？线性代数研究的就是这类方程组。也许我当时不应该这么解释，因为朋友当即就问："就为解决这么简单的问题，你要上大学？"是的，我的确说得太简单了。在上中学时，我们必须一次解两个方程，而量子计算需要解几千个方程。如果你真的想让量子信息科学家难堪，就可以问："难道量子信息不就是线性代数吗？"

　　量子计算的背后还有一个概念值得介绍。第 1 章介绍了概率分布及其香农熵。概率分布在量子理论里有一个"表兄"，称为量子态。我们已经看到了量子态，尽管我没有用这个词来称呼它们。例如，电子自旋可以处于向上的量子态，一个原子的量子态可以是两个位置的叠加态。

为什么说量子态是概率分布的"表兄"？假设巴克斯特打算测量某个量子比特的指向是不是向上，他的探测器将有一定的概率报告"是"，还有一定的概率报告"不是"。如果已知量子比特的状态，奥德丽就可以计算出这些概率。因此，一个量子态编码了一个概率分布。

但是，量子态可以编码的信息更多。比如，巴克斯特可以检测量子比特的指向是不是向左。他的检测器有一定的概率报告"是"，还有一定的概率报告"不是"。奥德丽也可以根据量子态计算出这些概率。因此，量子态编码了另一个概率分布。但是巴克斯特可以测量无限多个方向的轴，因此一个量子态可以编码无限多个概率分布。

然而，其中一个概率分布脱颖而出。假设量子比特的指向是向左，而其实它处于向上和向下的叠加态，同时处于向前和向后的叠加态，但只有一个轴——左右轴是单极的，不是叠加态。因此，那个轴就显得很突出。

巴克斯特测量非叠加轴的方向时，可能的测量结果有一个概率分布，奥德丽可以计算出它的香农熵。这个熵称为这个量子态的冯·诺依曼熵。我们在第 1 章中介绍过约翰·冯·诺依曼，正是他建议香农将他的不确定性函数称为熵。冯·诺依曼有他自己的熵，即对应于量子信息的冯·诺依曼熵。

为什么要关注非叠加轴？因为它有用！冯·诺依曼熵可以跟踪以某些方式处理量子信息的最佳效率，比如压缩量子数据。第 1 章介绍了经典的数据压缩方式。奥德丽记录了一个字母串，每个字母代表她的弟弟星期三晚上实际上做的事情，每个星期三晚上是巴克斯特值班的时间。她的目标是将字母串压缩成尽可能少的比特，为此她需要最小比特数为香农熵。

假设奥德丽记录的不是一个比特串，而是一个量子态串。她的目标是将这个量子态串压缩为尽可能少的量子比特。每个字母所需的最小量子比特数就是这个量子态的冯·诺依曼熵。因此，冯·诺依曼熵与香农熵遥相呼应，正如香农熵与热力学熵遥相呼应一样。下一章将回到这个话题上。

在本章的开始，我给你出了一道 Jumble 谜题"HIGAFRNT"，你解出来了吗？谜底是英国的一种旧硬币的名称 Farthing[①]，也许奥德丽在集团总部外的街道上会发现一枚这样的硬币。

---

① Farthing，法寻，英国的一种旧硬币，面值为旧便士的1/4。——译者

第 4 章

热力学

"可以让我试一下吗"

机车内发动机轰鸣，烟雾缭绕，汽油味浓重，仿佛充斥着一种使命感。巴克斯特除了注意到这些之外，其他什么都没想。他问司机："可以让我试一下吗？"

"不行，小伙子！"司机带着康布兰口音说，小胡子下红润的嘴唇几乎没动。

巴克斯特一屁股坐到座位上，夹克衫扯出了一根线。两分钟后，他站起来，用眼睛瞟着机车的控制器。

"先生，求你了，可以让我试一下吗？"

"不行，小伙子！"司机的回答毫不犹豫，和以前一样。

"就一会儿都不行吗？"

"不行，小伙子！"

"可是……"

"巴克斯特！"奥德丽跟跟跄跄地上了车，一把抓住弟弟后背的夹克。"别再惹那个可怜的家伙烦了！你在人家身边骚扰，他怎能专心开车呢？怎么——哦！"她被那些旋钮、转轮、棘轮和按钮吸引住了，沉默了片刻，全神贯注地盯着机器看，然后不由自主地问："不好意思，先生，可以让我试一下吗？"

想象时间回到了19世纪70年代初，你正在伦敦街头漫步。你穿着西装或连衣裙，你的曾祖父母买不起这样的衣服。这套衣服是用织布机织成的，而织布机是用蒸汽或水力驱动的。工厂降低了日常用品的生产成本。

你路过一个工厂，蹙了蹙鼻子。烟囱冒着浓烟，与笼罩伦敦的雾气混杂在一起。"smog"（雾霾）这个单词还得再过几年才有人编造出来，但你一听到这个单词就会明白[①]。

行人从你的身边匆匆走过，伦敦越来越拥挤，也越来越大。乡下人纷纷涌向大城市找工作。城市过度拥挤导致流行病（如斑疹伤寒、霍乱和猩红热等）频发。幸运的是，流行病促使政府建造了污水处理系统。

你看见一位瘦弱的年轻人正靠在家门口读查尔斯·狄更斯写的最后一部小说。蒸汽驱动的印刷机印刷出更多的读本，让普罗大众能够阅读，提高了识字率。那位年轻人可能会成为一名工程师，获得比出生时更高的社会地位。与狄更斯类似，他也可能经历过做苦工的青春期。狄更斯捕捉到了人生经历的辛酸苦辣，他生活的年代还没有童工法。

说起狄更斯，你也许记得最近从图书馆借来的一本书——美国作家马克·吐温的《傻子国外旅行记》。马克·吐温乘坐蒸汽动力船去欧洲和中东旅行，此行不久写了这部小说。你可以通过他的眼睛

① "smog"由"smoke"（烟）和"fog"（雾）组合而来。——译者

观察大马士革，而不会像他那样从驴子上摔下来受伤。

工业革命使社会发生了全面转型，涉及经济、社会结构、环境、服装、饮食、宗教、政府、卫生、文学等层面。有人说"可怕"，有人说"奇妙"，不管你用什么形容词，社会面貌都已彻底改观。在很大程度上，蒸汽机推动了这些转变。

蒸汽机促进了热力学的发展，热力学是研究能量的学问。本章将讨论热力学，从它的历史开始。我们会遇到各种类型的能量，看看能量在发动机中是如何转化的。描述发动机的最好方法是使用传统热力学，传统热力学研究平衡态，即变化发生得比较缓慢的状态。现代热力学已经超越了平衡态。热力学是基于4个定律发展起来的，其中第二定律是关于肝——熵的。随着这些热力学定律的发展，原子理论也在发展，物质由小得看不见的粒子构成的观念也逐步形成。原子论和热力学提供了关于世界的基本洞察，但热力学还含有工程思维，如信息论。

｛ 各种各样的蒸汽情怀 ｝

早在蒸汽机问世之前，就已有经典文字在描述类似的装置。罗马工程师维特鲁威在公元前1世纪描述了一种以蒸汽为动力的装置。一个世纪后，亚历山大的希腊发明家希罗描述了更多的细节。希罗的装置被称为"风神之球"，以希腊神话中的风神命名。

要想象风神之球是什么样子，可以设想在火上烤火鸡（见图4.1）。马克·吐温抽一种直角烟斗。把一个这样的烟斗倒插入火鸡肚子的右侧，好像火鸡想用胸部抽烟斗。将另一个烟斗倒插入火鸡肚子的左侧，在火上放一锅水。将一根管子穿过火鸡，然后向下弯折插入大锅中。你可以用一个空心金属球代替火鸡，但我更喜欢火鸡。

图 4.1

在锅下点火烧水，水升温沸腾。蒸汽进入管子，通过其上的小孔充满火鸡肚子，然后从烟斗中喷出。从右侧烟斗出来的蒸汽向上喷，推动烟斗向下运动，使火鸡旋转起来；从左侧烟斗出来的蒸汽向下喷，推动烟斗向上运动，使火鸡加速旋转。淋上肉汁和土豆泥，一道美食就准备好了！

又过了 1000 多年，蒸汽机才出现，冲击了工业界，然而蒸汽机也帮助人们重新定义了"工业"。1698 年，英国工程师托马斯·萨弗里为一种蒸汽驱动的水泵申请了专利。他想帮助矿工排除矿井里的水。他的装置使蒸汽机不再仅存在于想象之中，但他的装置经常破裂，因为金属无法承受蒸汽的高压。这项发明还非常浪费能量。

1712年，托马斯·纽科门改进了萨弗里的蒸汽机。纽科门是一名经营铁器的商人。为了使用萨弗里的专利，他和萨弗里合作。很遗憾，他们的公司没有被命名为"托马斯＆托马斯公司"，后来的学生一定感到失望。

这时来了詹姆斯·瓦特，一位苏格兰人、科学仪器制造师。瓦特在1765年琢磨出一个办法来防止这种蒸汽机浪费太多的能量。他申请了一项专利，然后与制造商马修·博尔顿开展合作。大学毕业后，我在英格兰北部做研究助理时经常听到博尔顿居住的城市的名字。当时我乘火车去其他城市总要在一个火车站换车，站名叫"伯明翰新街"。作为一名美国学生，我感到英国人的发音很好笑。博尔顿就住在伯明翰，于是瓦特搬到了伯明翰。

工程师发明并改进了蒸汽机。市场、工人、政府和消费者将发动机从机器转化为时代精神。肯尼斯·格雷厄姆在他于1908年出版的童话《柳林风声》中捕捉到了早期机动车驶过时的场景：一个夏日的下午，3个动物朋友——蛤蟆、老鼠和鼹鼠乘着马车穿过乡村。这时来了一位不速之客，让它们的一天完全变了样。

大家转头一看，只见一小团尘云中央，一个小黑点正以惊人的速度朝他们冲来。那东西还发出阵阵"噗噗"声，听起来仿佛一只不安的动物在痛苦地呻吟。他们没在意，转过头继续聊天。感觉一眨眼的工夫，眼前的安宁景象就完全变了。一阵狂风刮过，他们便在一阵旋风般的轰鸣中扑到了最近的沟渠里！那"噗噗"声像黄铜喇叭那般响，在他们的耳边咆哮。电光石火间，他们只来得及瞥见那东西内部闪闪发光的平板玻璃和华贵的摩洛哥羊皮革。原来，这是一辆富丽堂皇、夺人心魄的汽车。

早期的汽车激发了人们的冒险精神、对新奇事物的兴奋之情和怀旧情愫。[①] 在迪士尼乐园的"蟾蜍先生疯狂大冒险"项目中游玩时，这三种感觉给我留下了深刻印象。为什么那种过山车成为我的最爱？我解释不了，也许答案就是命运。我在小时候被汽车迷住，长大后就研究热力学。18 世纪蒸汽机问世后，科学家禁不住诱惑去研究它，于是热力学诞生了。

{ 玩命工作 }

热力学是关于能量的物理学，它研究能量以什么形式呈现，以及如何在不同形式之间转化。像风神之球一样的烤火鸡含有化学能，这种能量储存在原子之间的化学键中。想象巴克斯特与别人分吃了一只这样的烤火鸡，他获得了能量，可以将一把茶壶举起来放到架子上，茶壶就获得了重力势能。重力势能缘于抵抗地球的引力。类似地，在抵抗原子核所带的正电荷的作用时，带负电荷的电子就获得了能量。如果茶壶从架子上掉下来，它将获得动能。能量可以许多形式存在，但我们现在只关注其中的两种。

一块物质可以两种方式将能量传递给另一块物质，那就是热传

---

① 蛤蟆和朋友们看到的汽车可能不是由蒸汽机驱动的。在蒸汽机驱动的汽车中，燃料在发动机外燃烧。在今天的汽车和格雷厄姆出版他的书之前销售的汽车中，燃料在发动机内燃烧。这里提到的汽车上所装备的更有可能是内燃机而不是蒸汽机。尽管如此，这本书还是抓住了早期汽车所彰显的精神和魅力。——作者

递和做功。热对粒子的影响很像奶昔洒在四岁孩子的身上：热导致粒子漫无目的地随机运动。功是经协调可以驾驭的能量，可以直接用于实现目标。

例如，巴克斯特举起茶壶时，他利用来自食物的化学能对抗重力做功。茶壶摔到地板上时，茶壶的动能导致使茶壶保持完整的化学键断裂，于是茶壶变成了在地板上振动的许多碎片，碎片的振动使附近的空气升温并发出声音。摔碎茶壶没有任何用处，曾经储存在茶壶中的能量通过碎片转移给地板和空气。这些能量不可能被重新收集起来做有用功，例如不能用来举起另一把茶壶。能量已经被耗散掉了。

了解了热和功，才能更好地了解蒸汽机。蒸汽机是热机的一种，它把少量的热转化为一点功，其余更多的热被耗散掉。热机可以利用汽缸里的气体做功。在许多情况下，发动机与其他 3 个系统相互作用。其中一个是发动机对其做功的系统（如汽车里的齿轮），另一个是发动机对其充电的电池，还有一个是发动机举起的茶壶等。

下面介绍热力学家称为"热浴"的系统。我们有时也称之为储热器，但我更喜欢"热浴"这个词。这样，我就可以在本子上画想象中的热气腾腾的淋浴喷头和浴花。热浴是许许多多粒子的集合，其中的粒子多得数不清。热浴的大尺度特性（例如温度）几乎保持不变。为什么？热浴很大，大多数系统给它注入的能量就像大海里的一滴水。举个例子，奥德丽坐在图书馆里看书，图书馆里的空气就是一个热浴。奥德丽向空气中辐射热量，像任何生物一样。但图书馆内的空气粒子很多，吸收了她的热量之后，温度也不会有多大的变化。典型的热机会与一个热浴和一个冷浴相互作用。

介绍完剧场里的布景，现在我们可以看演出了。热机做一次功需要经历一个循环，而一个循环通常分为4幕。我们称这个过程为一个循环，是因为发动机将返回初始状态。我们重点关注卡诺循环（见图4.2），它是以19世纪法国工程师卡诺的名字命名的。

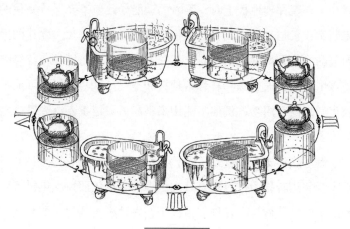

图 4.2

帷幕拉开，第一幕开始。在发动机里，气体进入汽缸内。活塞紧贴着汽缸内壁运动，把气体压缩到汽缸底部。气体通过汽缸壁与周围的热浴进行热交换，达到与热浴相同的温度。

第一幕继续。活塞松开，可以运动了。从热浴中吸收热量的气体不甘受到限制，就像蹒跚学步的孩童不愿意受到限制一样。气体在汽缸内膨胀，推动活塞向上运动。

帷幕落下。一名身穿黑衬衫的技术人员将热浴推走，另一名技术人员将一把茶壶放在活塞顶部。

帷幕拉开，第二幕开始。气体继续膨胀，向上推动茶壶，克服重力做功。气体不再有热浴补充能量，温度下降。

第二幕落幕。茶壶到达最大高度，带着刚刚获得的重力势能退出舞台。下台后的茶壶可以将部分能量捐献出做某些有价值的事情。例如，可以让茶壶掉落一小段距离，砸在一个面团上，从而将面团压平，做成一张大饼。

帷幕拉开，第三幕开始。圆柱形汽缸被浸在冷浴里，热量从气体转移到冷水中，气体粒子的运动速度迅速降低，不再撞击活塞。活塞回落，将气体压缩到汽缸底部。帷幕落下，技术人员推走冷浴，换回热浴。

第四幕开始时，茶壶已被放回到活塞顶部。茶壶的重量迫使活塞进一步向下运动，对气体做功。在这个过程中，气体恢复到与热浴相同的温度。当气体恢复初始状态时，一个循环就结束了。

通过了解发动机的工作循环，我们有什么收获？第二幕中气体对茶壶做的功比第四幕中气体从茶壶那里获得的能量要多。给予的多，得到的少，发动机从热浴中提取了有用功。演出结束，观众起立，掌声响起。

提取有用功是有代价的。发动机从热浴中吸收了大量能量，其中只有一小部分转化为有用功，其余部分耗散到冷浴中。发动机运行足够多次之后，冷浴将获得足够的热量，温度大幅上升。冷浴将变得不那么冷，使有用功的提取越来越不容易。因此，提取有用功是以能量耗散为代价的，而能量耗散将阻碍未来有用功的提取。

提取有用功是一项热力学任务，正如数据压缩是一项信息处理任务一样。香农熵衡量的是压缩经典数据的效率，冯·诺依曼熵衡量的是压缩量子数据的效率。热力学任务也有效率。热机的效率取决于以下两个量：发动机做的有用功以及从热浴中吸收的热量。将第一个量除以第二个量，就定义了热机的效率，它决定了你的花销是否划算。

法国工程师卡诺认为热机的效率有一个上限，不能超过这个上限。他证明了一个极限，对任何只用两个浴进行热交换的发动机都适用。很自然地，我们称这个极限为卡诺效率。热浴越热，冷浴越冷，卡诺效率就越高。如果热浴的温度无限高，而冷浴的温度为零，你提取有用功的效率就为1。温差越小，最佳效率越接近零。按照卡诺循环运行的发动机的效率为卡诺效率。

不过循环还没结束，你可能已经发现了问题。卡诺热机运行得越来越慢，我在前面描述的那场戏似乎会一直演下去而停不下来。加速运行导致不必要地耗费更多的能量，使热机的效率总是低于最大可能值。因此，真正的发动机都不是卡诺热机，也不可能以卡诺效率运行。为什么卡诺要描绘他的理想发动机呢？他的目的是找到发动机的效率在极端情况下能达到的极限。热力学不仅包括实际情况，还包括理想情况，也就是说不仅包括为工厂提供动力的机器，还包括所有可能的极端情形。尽管热力学源于工程学，但它的根深深地扎在物理学和化学领域。

{ 歌颂低迷状态 }

另一个热力学理想状态有点像青春期少年的梦想，渴望冒险，但无法逃离小镇，生活看似无聊、平淡无奇。这种热力学理想状态称为"平衡态"，每个处于平衡态的系统都满足以下两个条件。首先，系统的大尺度特性（比如能量、体积、温度等）基本保持不变，波动是可能存在的，但不会太大。其次，系统没有净流量流入或流出。想象厨房台面上有一盒蓝莓烤饼。烤饼被从烤箱中拿出来有一些时间了，已经放凉了。现在平均而言，烤饼散发的热量与其从室内空气中吸收的热量一样多。这时，我们说烤饼与厨房内的空气达到了平衡。因为烤饼与厨房内空气的温度一样，所以我们说烤饼与厨房内的空气处于热平衡态。

处于平衡态时，系统的大尺度特性没有变化，肉眼所见单调平淡。但是，如果我们用放大镜仔细进行观察，就会看到很多事情正在发生。粒子到处穿梭，东碰西撞，不断改变方向。每一瞬间，粒子集合都处于某种微观状态——被定义为一组粒子的位置和动量列表。有时，根据粒子由什么组成，也可以将这种微观状态定义为它们的角动量、振动等。由于粒子四处乱窜并相互碰撞，它们的微观状态变化得很快。粒子集合也处于某种宏观状态，这由其大尺度特性（如能量、体积、粒子数等）来描述。

假设你知道一个粒子集合处于某种宏观状态，即这个集合具有一定的能量、体积、粒子数等，这时它可能有许多微观状态。比如，奥德丽家图书室内的某个空气粒子可能在某本字典上方徘徊，或者在这本字典左边或右边更远一点的地方游荡，而空气作为一个整体有固定的能量、固定的体积等。空气以一定的概率处于这个微观状态，以其他概率处于那个微观状态。系统处于平衡态时，所有微观状态的概率是相等的。这些概率构成了一个概率分布，正如第1章介绍的那样。当时我们将概率分布与熵联系了起来，现在我们是否应该将微观状态的概率分布与"肝"（一种熵）联系起来？的确如此，几页之后我们将讲到这一点。

{ 逃离低迷状态 }

并非所有系统都处于平衡态。人体是一种有机体，生命远离平衡态。人的体温在大部分时间与环境温度不相等。我们吃东西是在存储能量，但并没有消耗多少能量。作为补偿，我们向外辐射热量。

我们通过与其他系统相互作用远离平衡态。如果一个系统不与其他任何东西相互作用，它就一定达到了平衡态。我们称这样的系统是封闭的和孤立的，而与他东西相互作用的系统是开放系统。

热力学过去主要关注平衡态，但现在关注的焦点已经扩展到像人体这样的系统。伊利亚·普里果金是这方面的代表人物。他是一位化学家，先从莫斯科到德国，又来到布鲁塞尔，然后来到美国。他因研究"非平衡态热力学"而获得 1977 年的诺贝尔奖。有时，我将自己的研究领域也称为"非平衡态热力学"。主要研究维多利亚时代的热力学的同事偶尔会对我眨眨眼，问我是否用了矛盾修辞①。"非平衡态热力学"这个词出现在普里果金的诺贝尔奖获奖演讲里。普里果金总是挑战常规，这不仅体现在术语的运用上，而且体现在历史研究、考古学研究和钢琴演奏上。他证明，要想得到对开放系统的洞察，就应该保持开放心态。

在普里果金之前，研究热力学的前辈已经发现了四大定律，本节将讨论前 3 个，下一节讨论最后一个。当然，热力学定律是从第零定律开始的。第零定律发现于 1939 年，由英国科学家拉尔夫·福勒和爱德华·古根海姆提出。第一定律、第二定律和第三定律在此

---

① 作者的意思是维多利亚时代的热力学家会认为热力学研究的都是平衡态，"非平衡态热力学"是一种存在矛盾的说法。——译者

之前几十年就已经被接受。福勒认为新定律理应放在最前头。因此，我将这本书的序篇命名为"第0章"，以此纪念福勒。

第零定律确立了温度计的概念。假设巴克斯特有一个勺子，勺子与杏仁布丁达到了热平衡，与英式咖喱菜也达到了热平衡。奥德丽吃了杏仁布丁，卡斯皮安吃了英式咖喱菜。根据第零定律，奥德丽的杏仁布丁与卡斯皮安的英式咖喱菜达到了热平衡。前面讲过，处于热平衡态的系统具有相同的温度。假设卡斯皮安知道他的英式咖喱菜的温度，巴克斯特的勺子的功能就像一支温度计，朋友们可以用它来推断奥德丽的杏仁布丁的温度。

热力学第一定律形式化了能量守恒：任何封闭的孤立系统的能量总是保持不变。系统能量的变化缘于热传递或做功，或与二者都有关。

热力学第二定律值得单独用一章大书特书。不，不是一章，而是一本书。第二定律就像独角戏演员，变换着各种伪装来呈现自己。第二定律指出，热量不能从较冷的系统流向较热的系统，而宇宙的其余部分保持不变。你可能会反对，比如加热器可以将热量从较冷的系统送到较热的系统。如果不是这样，那么我在新罕布什尔州[①]上大学时一定会变成冰棍。为什么我没变成冰棍？因为加热器通过做功将热量从较冷的系统传递给较热的系统。由于加热器做功，宇宙的其余部分不会保持不变。

第二定律最著名的伪装是一种熵——热力学熵。热力学熵的出现早于前面介绍过的经典信息论的香农熵和量子信息论的冯·诺依

---

① 新罕布什尔州在美国东北部，冬天很冷，如果没有暖气，人一定会被冻坏。——译者

曼熵。想象有一个热力学系统，比如厨房里的草莓大黄派冒出的蒸汽。蒸汽处于许多可能的微观状态之一，每个可能的微观状态都有一定的概率变成现实。这些概率形成一个分布，这个分布有一个香农熵。

将香农熵乘以一个常数，就可以把它转化为热力学熵[①]。这个常数称为玻尔兹曼常数（又译作玻耳兹曼常数），用 k_B 表示。路德维希·玻尔兹曼是奥地利的一位物理学家，他与别人共同创立了热力学，他的胡子可与巫师的媲美。我们不关心玻尔兹曼常数的值，它只是我们的这个宇宙固有的某个常数，就像电子的质量一样。

蒸汽的熵如何变化？通常蒸汽可能处于的微观状态越多，熵就越大。开始时馅饼散发的蒸汽靠近馅饼，每个粒子只可能位于少数几个位置之一，蒸汽可能处于的微观状态很少，所以熵很小。

过了一段时间，蒸汽四处膨胀。蒸汽粒子可以抵达地板，抵达天花板，然后抵达附近的墙壁。每个蒸汽粒子可以占据许许多多个位置之一。微观状态的数量大幅增加，熵也开始疯狂增加。

现在，粒子抵达更远的墙壁，被反弹后抵达墙角。蒸汽趋于平衡，可能达到的微观状态的数量不再增加。熵趋于稳定。

热力学第二定律将上面描绘的蒸汽行为形式化：任何封闭的孤立系统的熵只会增加或保持不变，而不可能减少。该定律解释了我们在前面遇到的两种现象和我曾暗示的一种现象。第一种现象是卡诺效率，卡诺给所有刚好接触两个热浴的热机的效率设定了一个上

[①] 当蒸汽远离平衡态时，有些热力学家不同意将这个乘积称为"热力学熵"，但许多热力学家通过数学和概念论证，同意仍称之为"热力学熵"。——作者

限。他认为"任何热机的效率都不可能超过这个上限",这种说法可以由"任何封闭的孤立系统的熵……不可能减少"导出。

我们遇到的第二种现象是茶壶从架子上掉到地板上,被摔得粉碎。茶壶的动能以热量、噪声和地板振动的形式被耗散掉。现在我们可以解释为什么了。由茶壶、空气和地板组成的系统可以通过耗散能量达到更多的微观状态。任何给定的能量子都可以通过耗散驱动空气中的这个或那个粒子,引起这块或那块地板振动,打破茶壶中的这个或那个化学键。这样,能量子就有更多的选择,系统可以达到更多的微观状态,所以熵会增加。能量耗散遵循热力学第二定律。

能量耗散不必遵循其他物理定律,例如经典的牛顿力学定律和量子理论定律。这些定律包含一些方程,方程描述系统如何随着时间推移而变化。即使时间倒流,这些方程看起来也不会变化。因此,无论是未来还是过去,物理定律永恒不变。

根据牛顿定律,茶壶被打碎后,它的能量可以从空气和地板中回到茶壶里,茶壶里的化学键可以自行修复,茶壶可以飞回到架子上。茶壶破碎的微观状态可以演变成"茶壶重新组装起来"的微观状态,但"茶壶保持破碎"的微观状态远比"茶壶重新组装起来"的微观状态多。在平衡态下,所有微观状态出现的概率相同。因此,最可能出现的宏观状态("茶壶保持破碎"或"茶壶重新组装起来")取决于哪个微观状态最多。上面讨论过,"茶壶保持破碎"对应于更多的微观状态。因此,茶壶很可能再也无法恢复了,巴克斯特的妈妈可能再也不能用心爱的茶壶泡茶了。

茶壶的故事揭示了为什么我们不应该轻视热力学第二定律。该定律不仅增加了我们的取暖费，限制了我们用汽车，而且规定时间只能朝一个方向流逝。司机可以把马车倒进马棚里，但人不能回到过去，茶壶摔碎了不能复原，叶子只能从绿色变成黄色。这一切正如艾略特的那首诗里的主人公所感叹的：

"我变老了……我变老了……

我将要卷起我的长裤的裤脚。"

这条规律总是击中要害：为了研究热力学，我经常旅行，在旅行途中总是遇到墓地。这种趋势在我读研究生的早期就开始了。在剑桥大学的一次会议上，熵扮演了明星角色，参会者的绝大部分谈话都涉及熵。一天下午，会议组织者将我们带到郊外的阿森松教区墓地。我们穿行于诺贝尔奖获得者的坟墓，找到了亚瑟·爱丁顿爵士的墓地。爱丁顿是一位天文学家，正是他让爱因斯坦的名字家喻户晓。他在1919年对日食的观测支持了爱因斯坦的广义相对论。在这次观测前4年，爱丁顿在他的著作《物理世界的本质》中写道：

"我想，熵增原理——热力学第二定律在'自然'法则中具有至高无上的位置。如果有人向你指出，那些你们喜爱的宇宙理论与麦克斯韦方程不一致，那么麦克斯韦方程就非常不对了；如果发现它与观测相矛盾，那么显然地，这些实验家有时候搞错了事实。但是，若发现你的宇宙理论与热力学第二定律相反，那我觉得就没有希望了，没有什么好说的，只有最耻辱地倒下去。"[①]

我不只是在剑桥遇见墓地，在加拿大班夫参加信息论研讨会时，在牛津大学参加量子热力学会议时，在耶鲁大学介绍量子蒸汽朋克

---

① 节选自《物理世界的本质》，A. S.爱丁顿著，张建文译，中国大地出版社，2016年。——译者

时，都曾遇见墓地。我收到了宇宙传来的一条信息：热力学第二定律绝对不是学术废话。

还有一句话值得在这里引用，它捕捉到了热力学第二定律在本书中的重要地位。这句话将热力学与量子计算联系起来，是塞斯·劳埃德所说的。在第 3 章中，我们介绍过塞斯，他是量子计算的创立者之一，也是量子热力学的创立者之一。塞斯的话呼应了上面引用的爱丁顿的评论，同时他还呼吁现代公民："生命中除了死亡、纳税和热力学第二定律是确定的，其他都是不确定的。"

{ 热力学第三定律的魅力 }

如果热力学第二定律是响亮的铜管乐，接下来要介绍的第三定律就像节奏缓慢、氛围冷淡的混音带，但第三定律与第一定律和第二定律一样值得关注。设想我们正在冷却一个系统，比如冷却奥德丽家厨房里的空气。分子的运动速度慢了下来，不再像参加比武的骑士那样相互碰撞。温度越来越低，趋于绝对零度。根据热力学第三定律，温度永远不会达到绝对零度，任何过程（有限步骤）都不可能将系统冷却到绝对零度。

这件事反过来更好理解。假设我们已经设法将系统冷却到绝对零度。每个系统都有一定的热容量，它详细说明将系统的温度提高 1 摄氏度需要多少热量。随着系统的温度趋近绝对零度，它的热容量也趋近零。因此，如果一个系统的温度可以达到绝对零度，那么只需要极少（无限少）的热量就会使系统的温度升高。任何系统都避免不了吸收这么点热量，因此系统的温度总会升高，不能保持在绝对零度。

绝对零度的概念值得仔细研究。热力学创始人不知道量子力学，而我们现在已经知道量子力学了，在第2章中讨论过。系统被冷却到接近绝对零度时，经典行为将荡然无存。系统沿着能量阶梯下降，靠近顶部时能量阶梯看起来更像一个表面光滑的滑梯，但在低温下梯级表现出离散性。在绝对零度下，系统处于最低能级。

实验人员希望将系统冷却到绝对零度，目的是（比如）抑制量子计算机退相干。我们能达到的温度有多低？物理学家用开尔文（简称开）来表示温度。开是温度单位，就像华氏度和摄氏度一样。你和我的体温大约是310开，外层空间的温度约为2.7开。麻省理工学院的实验人员已经将分子冷却到0.000022开，这个结果值得发表在《自然》杂志上。如果我们的眼睛瞄向更低的温度，热力学第三定律会亮出一张黄牌。

｛ 有的只有原子和虚空 ｝

到此为止，我们已经提到了所有热力学定律。我们可以表述这些定律而无须提及微观状态、粒子和概率。为方便起见，我在解释热力学第二定律时提到了粒子的微观状态等。当你知道物质由粒子组成时，画一幅粒子概念图很有用。热力学奠基人没有原子概念，尽管几千年来思想家已经提出了原子的理论雏形。

原子论出现在古希腊，正是苏格拉底不停地追问雅典人的时候。"原子"一词源自希腊语，意思是"不可再分"。根据哲学家留基伯和德谟克利特的理论，物质由最基本的、不可再分的单位组成。他们说，世界由两部分组成，即原子和虚空。原子的形状和大小决定了它们如何组合在一起，形成团簇。团簇决定了宏观世界的结构和性质，宏观世界的变化源于原子的随机碰撞。

许多世纪以来，原子论失宠而又得宠，在19世纪初从哲学转变为科学。这在很大程度上要归功于道尔顿。道尔顿出生在英国兰开斯特大学西北约一个半小时车程的地方，我从大学毕业后在兰开斯特大学担任研究助理。道尔顿研究化学，当时的化学刚刚从炼金术中独立出来。根据道尔顿的理论，不同的元素有不同的原子，同一元素的原子相同。他写道，化合物（例如水）是由聚集在一起的原子组成的。道尔顿的理论能够用于预测不同原子的相对质量。他的大部分理论得到了证据的支持，现在已进入高中化学课。

可以说，在兰开斯特居住的那一年，我"见"过道尔顿。在春天的一个周末，我去了曼彻斯特，火车向东南行驶一小时。在那里我不认识什么人，但很高兴，因为我认出了一个名字——道尔顿的一尊雕像坐落在市政厅里。他曾在曼彻斯特教书和从事科学研究。这个地理位置看起来很不错，因为那时曼彻斯特比英国的其他城市率先实现了工业化。19世纪初，蒸汽驱动了曼彻斯特的棉纺厂运转，也引起了热力学家关于原子论的争论。

一些热力学家接受原子论，比如创建电磁学理论的詹姆斯·克拉克·麦克斯韦和留着像巫师那样的胡须的路德维希·玻尔兹曼。我之前关于草莓大黄派上升起的蒸汽的描述正是基于麦克斯韦和玻尔兹曼的研究的，他们将气体设想为一堆粒子的集合，这些粒子有一定的概率出现在这里，有一定的概率出现在那里，还有一定的概率出现在远处的那个墙角。

并非与麦克斯韦和玻尔兹曼同时代的所有人都相信这种描述。在那之前，热力学一直关注宏观性质，如温度、压力、体积、能量等。尽管热力学理论对物质的构成什么也没说，但还是取得了胜利。为什么要假设存在没有人看得见的微小粒子呢？批评者问道，为什么不坚持只讲我们知道的？

原子存在的证据积累了起来，就像床底下的灰尘越来越明显，尽管本书没有地方回顾这些证据。物理学家最终别无选择，只能接受麦克斯韦和玻尔兹曼的理论。这一理论发展为统计力学，统计力学是热力学掩盖下的"管子和带子"。

我们今天怎样继承和发展留基伯和德谟克利特的遗产？"原子"这个术语被永久地保留了下来，但今天所说的原子可以分为更小的组分——质子、中子和电子。质子和中子可以进一步分成更小的组分，称为夸克。夸克和电子类似于古希腊人所说的原子——基本粒子。但我有一点需要补充，这些基本粒子不能再分的原因有两个。首先，电子不是"小球"意义上的粒子，它们具有"波"的特性，如第 2 章所讨论的。波可否进一步切分？这个问题没有意义。其次，在特定条件下，实验人员已经能将电子的电荷与它的自旋分开，并观察到电子的分数电荷。虽然夸克和电子是基本粒子，但它们并没有我们想象的那么基本。

电子的分数电荷属于统计力学范畴，自麦克斯韦和玻尔兹曼等人创立统计力学以来，它的研究范围已经扩大。统计力学多用于描绘近似经典的多粒子系统，例如蒸汽。其他的统计力学系统需要用量子描述，这是麦克斯韦和玻尔兹曼做梦也想不到的。量子统计力学以量子态为特征，而经典统计力学以微观状态的概率分布为特征。

一些人认为经典统计力学与热力学的区别在于前者需要用到概率、状态和粒子这些概念，而热力学不需要。我过去曾经认同这个观点，直到探索信息论时才有了不同意见。信息论是可操作的，专注于研究一个"代理"利用资源执行任务时的效率，例如你通过电线向朋友发送一条信息至少需要多少比特。信息论与热力学中都有这种"可操作主义"。热力学家计算发动机将水抽出矿井的效率，分析如何权衡效率与功率以及浪费了多少热量，即一位代理利用资源执行热力学任务时可能达到多高的效率。功、热量和效率这些物理量像螺母和螺栓一样，是热力学家的概念工具箱中必备的工具。热力学家也提出了一些终极问题，例如人为什么会变老，为什么某些材料能够抵抗热平衡的趋势。但终极问题总是与可操作问题交织在一起，每组问题会给其他问题提供一些信息。所以，我认为热力学家关于可操作的观念是区分热力学和统计力学的关键。本书自始至终讨论热力学，尽管会用到概率和量子态这样的概念。

热力学家研究可操作任务时还需要掌握另一种工具。为此，让我们想象刚从烤箱中拿出的苹果拔冒出的蒸汽。假设我们在瓶子中装满蒸汽，然后用一个活塞塞住瓶子。活塞是一个细一点的塞子，可以向下或向上滑动。我们想把蒸汽压缩至瓶子一半的位置。向下推活塞时，我们必须对抗撞击活塞的气体粒子。必须做多少功？假设瓶子内的蒸汽可以通过瓶子与室内的空气进行热交换。如果我们推得无限缓慢，压缩蒸汽时需要做的功最少。如果推得快，将搅乱蒸汽，一些热量散发到空气中，因而我们需要多做一些功。

当瓶子内的蒸汽与室内的空气处于热平衡，也就是它的温度与房间内的温度相同时，蒸汽将具有自由能。我们可以把自由能大致看作气体可能做的功。未压缩的气体几乎没有自由能，压缩后的气体具有更多的自由能，有潜力将活塞推到汽缸顶部。两个自由能的差是压缩气体时需要做的最少的功。因此，我们可以用这个指标衡量压缩气体时所需要的资源。

气体的能量（比如动能）越大，自由能越大。气体的热力学熵越大，自由能越小。由于热力学熵决定了自由能，并且自由能决定了压缩气体时所需的资源，所以熵有助于确定执行热力学任务需要多少资源。熵决定了处理信息所需的资源。第 2 章和第 3 章提到过信息处理任务，比如经典数据压缩和量子数据压缩。难怪信息论、量子物理学和热力学融合得那么好。现在，我们已经认真研究了这 3 个领域，观察了它们的相似之处。在下一章中，我们将把三者混合在一起，观察它们之间的相互作用。

第 5 章

珠联璧合

热力学、信息论和量子物理学的完美联姻

关于朋友之间的交往，别人依靠友谊来维持，而奥德丽与莉莲·昆西小姐签了一份协议：莉莲向奥德丽介绍当今政治和哲学的最新潮流，而奥德丽则向莉莲解释物理学的最新实验和发明。一个雨后的下午，一缕阳光透射到室内，莉莲请她的朋友吃柠檬蛋糕。"我知道你从不参加皇家学会的公开讲座，"莉莲说着把盘子放下来，"但这期讲座真的很棒。拉贾先生做报告，他关于量子真空的解释太妙了。我几乎明白真空如何不含有任何东西，但仍有能量。"

奥德丽发现莉莲对拉贾先生的钦佩不仅限于量子真空，莉莲此前就很欣赏他的创新、他的比喻和他的态度。每当奥德丽解释拉贾先生的发现时，莉莲的眼睛就会发亮。奥德丽猜测，拉贾先生也对莉莲很感兴趣。他曾赞赏过奥德丽家里挂着的莉莲画的一幅画。拉贾的父亲和莉莲的母亲来自马德拉斯的同一个街区，而且拉贾先生和莉莲一样喜欢德国的浪漫主义。奥德丽吃了一口莉莲递给她的柠檬蛋糕。如果拉贾先生设法找到了莉莲母亲主持的沙龙，奥德丽估计莉莲小姐很快就会变成拉贾夫人。

你是否曾有过这样的两位朋友：虽然他俩未曾谋面，但你真的应该介绍他俩认识一下？他们有相同的特征、兴趣和价值观，似乎他俩命里注定要"策马携手共度余生"。热力学和量子计算就是这样的两位朋友，二者都持"操作主义"理念，都关注在给定有限资源的条件下，一位代理可以完成哪些任务。量子计算任务包括信息压缩，而热力学任务包括气体压缩。此外，这两个理论都涉及多个学科。量子计算吸引物理学家、工程师、化学家、计算机科学家和数学家，而热力学则掌控物理学、工程学、化学、天文学和生物学。两个领域各自有一位明星——熵，熵帮助确定一位代理在执行任务时可能达到的最佳效率。因此，热力学和量子计算应该被嵌入心形相框中，相框用钢制成，用黄铜色的齿轮形状的贴花作为装饰。

一段婚姻或关系要持久，不仅需要相似性，还要求合作伙伴强化彼此的增益。热力学和（量子）计算的关系刚好符合这个标准：信息可以作为一种热力学燃料，而热力学功可以"重置"信息。本章重点介绍热力学如何与信息处理交织在一起，以及量子物理学如何使二者发生根本性的转型。我们将从一个发动机开始，在信息的帮助下将无用的热量转化为有用的功。逆转这个发动机，我们可以付出热力学功，从而重置信息。这种发动机得益于包括纠缠在内的量子现象。这个发动机说明，通过调用信息，我们可以化解热力学领域最古老的悖论之一。

{ 从无用到有用 }

利奥·西拉德发现信息可以当作一种热力学燃料使用。西拉德是匈牙利裔美国人，20世纪从事物理学研究。我们在前面提到了两位为本书所介绍的主要思想的发展做出巨大贡献的、来自匈牙利的思想家，他们是约翰·冯·诺依曼和阿尔弗雷德·雷尼，而西拉德是第三位。1929年，西拉德展示了如何利用信息将热量转化为功。热量是随机能量，没有任何用处。功是有用的，它是被组织起来的能量，比如功可以让印刷机的曲柄转动。信息可以将无用的能量转化为有用的能量。西拉德的演示包括一个思想实验（只存在于想象中的实验）和一项分析。这个实验在物质世界里直到21世纪才出现。

假设奥德丽有一个箱子，箱子里有气体，如图5.1所示。提示一下，物理学家喜欢装有气体的箱子，因为它去掉了复杂因素，捕捉到了问题的本质。西拉德将这种简化推向极致，设想箱子里的气体只由一个粒子组成。粒子是经典的，因为西拉德想说明的是经典信息与热力学的关系。稍后我们将看到粒子是量子时他的想法如何变化。箱子被放在温度为T的热浴中，热浴通过箱壁与气体进行热交换。

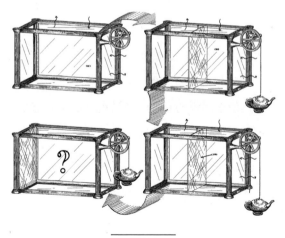

图 5.1

奥德丽将一块薄薄的隔板插入箱子中央，把箱子分为两部分，然后测量粒子在隔板的哪一侧。我们不要纠结于奥德丽如何测量粒子。西拉德编的故事很有说服力，因为它不依赖如何测量这种细节，细节取决于奥德丽的个人喜好，工程师称之为"实现细节"。在整个叙事中，我将忽略不重要的实现细节，重点关注关键的设计元素。具体来说，假设粒子占据了箱子的右侧，奥德丽就获得了 1 比特信息：右侧，而不是左侧。

奥德丽将一根绳子系在隔板的顶部，然后经过箱子的左侧，穿过一个滑轮。绳子的末端系着一把小茶壶①。奥德丽解开隔板，使它可以在箱子里自由地向左或向右滑动。气体膨胀，就像苹果馅饼散发出的蒸汽充满厨房一样。气体粒子撞击隔板，一次一次从右侧进行撞击②。没有东西从左侧撞击隔板，所以隔板最终抵达箱子的最左端。气体撞击隔板损失的能量通过热浴的热量得到补充。最后，奥德丽从箱子里取出隔板。

这个实验的结果有两点需要我们注意。首先，实验结束时，粒子可能在箱子内的任何地方。奥德丽根本不知道它在哪里，她丢掉了这一比特信息。其次，随着隔板平移，小茶壶上升，气体克服重力做功。小茶壶为什么上升？因为奥德丽将绳子放在箱子的左侧，她知道粒子最初位于隔板的右侧。假设奥德丽不知道粒子的位置信息，那么她就不得不猜测粒子在哪里，是在右侧还是在左侧。她有

---

① 小茶壶需要特别小，比你在商店里买的那种茶壶小得多。——作者

② 隔板不能太重，因为它要能在一个粒子的撞击下移动。别管我们如何制造这么轻的隔板，因为在思想实验中，实现细节不如整体概念重要。此外，实验者可以实现西拉德的想法，我们将在下面看到。——作者

50% 的机会将绳索拉向左侧。如果她这样做了，气体膨胀就会使小茶壶的高度降低，从而减少小茶壶的重力势能（见图 5.2）。因此，当奥德丽实际上将绳子拉向箱子的右侧时，她利用信息对小茶壶做了功。

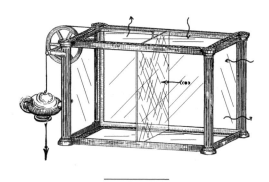

图 5.2

功从何而来？功不是来自粒子，粒子的温度与最初的温度相同，因此它的动能不变。因为奥德丽有 1 比特信息，所以热浴的热量转化为功。她花掉信息换来了功，花掉计算资源换来了热力学资源。

气体能做多少功？这个量取决于另外两个重要的量。首先，气体做功取决于热浴的温度。热浴越热，它能给小茶壶的能量就越多，西拉德发动机能在小茶壶上做的功就越多。其次，气体可以做多少功还取决于粒子的香农熵增加了多少，也就是在奥德丽看来粒子位置的不确定性增加了多少。实验结束时，粒子可以在箱子里的任何地方，50% 的概率在箱子左侧，50% 的概率在箱子右侧。在奥德丽看来，粒子的位置有最大程度的不确定性。这时概率的香农熵为 1 比特，我们在第 1 章中讲过这一点。奥德丽刚测完时，粒子有 0%

的概率占据箱子左侧，有 100% 的概率占据箱子右侧。这个初始概率分布的香农熵为零，因为奥德丽确切知道粒子的位置。随着气体膨胀，熵会增加 1 比特。熵增加代表奥德丽失去一点信息，以抵消小茶壶的重力势能的增加。因此，气体可做的功与熵的增加成正比。

我称这个功的大小为 1 西拉德。如果气体处于室温环境，1 西拉德能量很小，一个白炽灯每秒辐射的能量大约是它的 10^{22} 倍。假设奥德丽想用 1 西拉德功把小茶壶向上提 1 米左右，那么小茶壶的质量必须很小，相当于 500 个 ATP 分子的质量。ATP 是人体里为细胞提供能量的三磷酸腺苷。如果你在百货商店里问有没有这么小的茶壶，售货员会感到莫名其妙，然而量子蒸汽朋克小说里的匠人在一周内就能完成订单。

第 4 章介绍了提起茶壶的另一种发动机——卡诺热机。卡诺热机在不同时间分别接触热浴和冷浴。卡诺热机与西拉德发动机相比如何？西拉德发动机只涉及一个热浴，但我们可以把奥德丽的信息大致视为冷浴。当奥德丽测量粒子的位置获得了 1 比特信息时，粒子占据了箱子的右侧。假设将箱子的右侧标记为 "0"，左侧标记为 "1"，则奥德丽的比特是 "0"。一个冰箱可以将 1 量子比特冷却到量子的 0 比特，正如我们在第 3 章中看到的。正如 0 量子比特是冷的，我们可以认为 0 比特是冷的。因此，西拉德发动机类似于卡诺热机，只是用信息替代了冷浴。

{ 游戏，重置，匹配 }

如果逆运行西拉德发动机，那么会发生什么？想象一下，奥德丽从箱子里取下隔板离开房间，而巴克斯特走进房间，他发现气体粒子散布在整个箱子内。这个粒子有 50% 的概率占据箱子左侧，也有 50% 的概率占据箱子右侧。这些概率的香农熵在比特为 1 处达到峰值。巴克斯特想要让粒子返回到箱子右侧，也就是将粒子的位置重新设置为已知位置。这时，概率分布将从 50% 和 50% 变为 0% 和 100%，变为零熵。

重置信息可以视为擦除信息。想象我们收到了一张满是涂鸦的纸，然后用一块橡皮在整张纸上反复地擦，将纸张重新设置为干净可用的状态。这种擦除相当于将粒子重新设置在不受熵污染的已知位置。我们称比特重置为"兰道尔擦除"，兰道尔是 20 世纪 IBM 公司的一位物理学家，他的全名是罗尔夫·兰道尔。兰道尔意识到擦除 1 比特信息需要消耗热力学功。

为了重置信息，巴克斯特将一块隔板贴着箱子的左壁插入（见图 5.3）。他将隔板向右推，直到隔板位于箱子中央。巴克斯特已将气体压缩到箱子右侧，他知道这个粒子占据箱子右侧，而不是左侧。因此，巴克斯特知晓这个粒子的位置信息。压缩气体需要做功，兰道尔原理说明了要做多少功。巴克斯特所做的功至少与奥德丽从膨胀气体中获得的功一样多，即 1 西拉德。奥德丽损失一些信息做了功，而巴克斯特消耗一些功获取了信息。

兰道尔原理揭示了热力学和计算的关系非常紧密，就像紧紧啮合在一起的时钟齿轮。假设我们在做计算，不停地写啊算啊。计算需要用草稿纸，我们的草稿纸迟早会被用完。为了继续计算，我们必须将草稿纸上的字迹擦干净。根据兰道尔原理，擦除信息需要做功。因此，计算逃脱不了热力学。谁会想到这个先决条件？谁会想到每年报税的计算会与蒸汽机科学密切相关？但的确如此，计算和热力学其实难解难分。

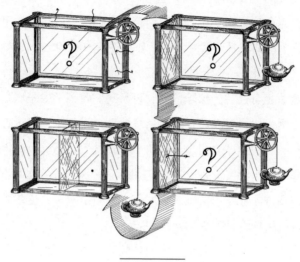

图 5.3

　　初次在量子计算课上看到西拉德发动机时，我被这种意想不到的密切交织吸引住了。我的教授介绍西拉德发动机的时间是在春季晚些时候，那时我已经选好了自己的期末研究题目。我当时多么希望他早点解释西拉德发动机，这样我的研究题目将聚焦在这种发动机上。并不是说我知道自己想要问什么问题或驱动发动机去向何方，我只知道自己渴望了解更多东西。

　　虽然期末研究题目不是西拉德发动机，但那节课激发了我的兴趣，我在后来的研究生涯里一直保持着这种兴趣。今天，我可以更具体地指出西拉德发动机的魅力到底在哪里：信息是抽象的，既看不见又摸不着。当然，奥德丽能摸着铅笔，铅笔携带了卡斯皮安是否曾来访的信息。如果文字印在一本书上，你也可以摸那本书。但物理系统只是对信息进行编码，而物理系统本身并不是信息。尽管信息是无形的，但它可以帮助我们提起一把小茶壶，因此信息和地球上的任何物理实体一样实实在在。所以，抽象可以影响物理世界。上九年级时，我在生物课上对熵着迷也是基于这一点的：熵，一个数学函数，看起来有点可笑，像只数学丑小鸭，但它可以解释为什么时间会流逝，为什么树会发芽，为什么指甲会长出来。

抽象性和物质性的对抗在身心问题上更为著名：人的心智似乎是非物质的，因为这是涌现现象。然而心智影响物质，一个人可以在自己设计的飞行器图纸上加一条线。此外，仅在某种物质存在的前提下，心智才存在。数千年来，这种物质性和非物质性之间的紧张关系一直吸引着许许多多哲学家、科学家、作家和青少年。热力学和信息的交叉点同样值得关注。

我们在前面已经得出结论，"重置信息"需要做一些功，但为什么会这样？为什么这个结论有道理？功转化成热量，热量消散到热浴中，增加了宇宙的熵。熵的增加伴随着时间流动，时间流动使得茶壶摔碎而不能复原，过程可以发生，但不能逆转。擦除是一种不可逆过程：已擦除的信息无法恢复。将粒子推到箱子右侧，但你不能推断粒子起初在哪里。因此，擦除是不可逆的。不可逆性伴随着时间流动，时间流动伴随着熵增。功消散，则熵增加。我们已经建立起擦除与功之间的联系。因此，擦除需要做功是有道理的。

查尔斯·本内特从另一个角度阐释为什么不可逆过程要做功。本内特和兰道尔一样，也是在 IBM 公司工作的物理学家。他在 1987 年写道，擦除是将多个逻辑状态压缩为一个，正如活塞压缩气体一样。他所说的"将多个逻辑状态压缩为一个"的意思是无论粒子起初是在箱子右侧还是在左侧，也就是说无论粒子代表"0"或"1"，粒子最终在右侧，代表"0"。"0"和"1"的"多个逻辑状态"被"压缩"成单一逻辑状态"0"。逻辑状态由物理系统表示，例如箱子中的气体。由第4章可知，压缩气体要做功。因为压缩物理系统需要做功，而一个物理系统可以编码信息，所以压缩、擦除和重置信息时应该做功。

{ 跳出箱子想一想 }

我们一直讨论的是箱子里的经典气体，如果气体不是经典的，该怎么办？量子现象能加强信息处理，而西拉德发动机能处理信息。量子现象能改造西拉德发动机吗？是的，在很多方面能，我们将探讨其中的3个。

第一，插入隔板可能要做一些功。如果粒子是经典的，它就不会受插入隔板的影响。这里有一个假设：粒子很小，隔板很薄，粒子基本上没有机会落到隔板的左右两侧。如果粒子不在箱子中心，它会注意到隔板插了进来，这就好像你在巴黎注意到从日本海域游来了一只巨型太平洋章鱼，而新闻媒体毫不知情。

我们人类和经典的气体粒子是局域性的，也就是说被局限在有限范围内。如果奥德丽的气体粒子是量子的，则它不一定是局域性的。量子气体粒子处于量子态，量子态有类似于波的性质，这种波遍布整个箱子内部。在大多数量子态下，粒子对隔板的插入会做出反应。即使粒子位置的测量结果可能显示粒子离箱子中央很远，隔板也会"干扰"粒子。这种干扰会改变粒子的能量，因此插入隔板可能需要做功。

第二，粒子可以与另一个物理系统发生纠缠。以下例子示意的是兰道尔擦除而不是西拉德发动机，但兰道尔擦除就是逆运行西拉德发动机，所以二者之间的差异无关紧要。现在假设奥德丽不是擦除经典粒子的位置（将经典比特重置为"0"），而是想擦除量子比特（将量子态重置为量子"0"）。如果她的量子比特与巴克斯特的量子比特发生了纠缠，那么利用这种纠缠，姐弟俩可以在提取功的同时擦除奥德丽的量子比特。

这个结果听起来可能会让坟墓里的兰道尔不得安宁。根据兰道尔的说法，擦除需要做功而不是提取功。但姐弟俩利用纠缠，既可以得到柠檬蛋糕，又可以美美地享用它。

假设奥德丽的量子比特与巴克斯特的量子比特最大程度地纠缠在一起。如第 2 章所讲，姐弟俩可以用对测量结果有把握的方式测量这个量子比特对。有 4 种可能的测量结果，因此姐弟俩开始时有 $\log_2 4$ 比特信息（即 2 比特）。这些信息可以用作运行一台西拉德发动机两次的燃料。本章开头说每运行一次提取 1 西拉德功。根据兰道尔原理，擦除奥德丽的量子比特需要做 1 西拉德功。因此，姐弟俩节省了 1 西拉德功，他们可以用这部分功提起一把茶壶或给一根电线通电，或用来做其他任何他们喜欢做的事情。

多余的功是从哪里来的？奥德丽和巴克斯特的量子比特开始处于纠缠态，彼此共享量子信息。结束时，两个量子比特都丢失了对方的信息，它们不再发生纠缠。因此，这份协议"烧掉"了纠缠，利用量子信息（带着来自热浴的热量）作为某种热力学燃料。

第三，含有许多气体粒子的量子西拉德发动机可能与含有许多气体粒子的经典西拉德发动机有所不同。我们可以用含有两个粒子的西拉德发动机进行说明，其中一个粒子是奥德丽贡献的，另一个粒子是巴克斯特贡献的。

假设粒子起初是经典的。姐弟俩测量每个粒子在隔板的哪一侧，测量结果是以下 4 种可能性之一 [见图 5.4 (a)]：两个粒子都在左侧；两个粒子都在右侧；奥德丽的粒子在左侧，巴克斯特的粒子在右侧；奥德丽的粒子在右侧，巴克斯特的粒子在左侧。在其中的两种情况下，两个粒子分别位于隔板的两侧。隔板左右两侧的气体对隔板的压力相等，左右两侧的压力平衡，隔板不能移动，发动机无法工作。在其余两种情况下，两个粒子位于隔板的同一侧，因此它们可以做功。

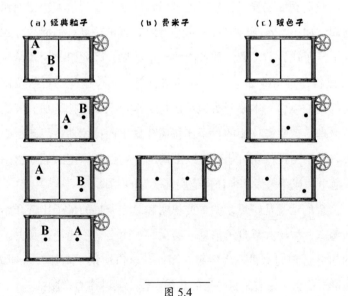

图 5.4

现在假设这两个粒子是量子粒子。物理学家已经发现了两类量子粒子——费米子和玻色子。我们人类以及地球上的所有其他物质都是由费米子组成的。费米子包括电子以及那些构成质子和中子的粒子。玻色子在大块物质之间传递基本作用力。例如，光子是玻色子，它传递电磁力，电磁力将带负电荷的电子传递给带正电荷的质子。

玻色子倾向于彼此簇拥在一起，而费米子倾向于分离。量子理论的创始人之一沃尔夫冈·泡利指出了费米子分离背后的规则，我们称之为"泡利不相容原理"，你可能在化学课上学过。泡利不相容原理解释了电子在原子中如何分布。根据泡利的说法，任何两个费米子都不可以处于相同的量子态。假设我们把两个费米子放在一个箱子里，在箱子中央插入一块隔板，然后测量费米子在隔板的哪一侧。测量将干扰费米子，迫使它们选择分布在哪一侧。假设你的测量设备检测到一个费米子在隔板的右侧，那么另一个费米子必定在隔板的左侧。这样，两个费米子才处于不同的量子态。①

了解了费米子的行为，我们就可以将这一知识应用于西拉德发动机。想象奥德丽和巴克斯特用两个费米子运行一台西拉德发动机，多次反复实验。每次实验时，他俩测量费米子的位置。根据泡利不相容原理，我们知道两个费米子总是分别位于隔板的一侧［见图5.4（b）］，永远不会有压力失衡，所以隔板不会移动，发动机永远不会做功。

现在假设他俩用两个玻色子运行西拉德发动机。两个玻色子并

---

① 我在这里假设费米子没有自旋。如果费米子有自旋，那么两个费米子可以都位于箱子的右侧，其中一个费米子可以向上自旋，另一个向下自旋。自旋使费米子的量子态分开。费米子其实有自旋，但我们可以在工程上设计出类似的无自旋的费米子系统。忽略自旋让解释得以简化。——作者

不总是分别占据隔板的一侧，因为玻色子不遵守泡利不相容原理。但玻色子的行为也不像经典粒子。经典粒子是可区分的，奥德丽总能识别出哪个粒子是自己的，例如通过跟踪粒子的运动进行判断。同样，巴克斯特也总能识别出自己的粒子。但玻色子是无法区分的，它们一旦近距离接触就无法分开。因此，姐弟俩无法识别哪个玻色子是奥德丽的而哪个玻色子是巴克斯特的。例如，奥德丽无法通过跟踪玻色子的轨迹识别它是不是她的，因为轨迹是一个位置序列，而量子粒子没有确切的位置。

不可区分性限制了姐弟俩的测量结果。在一些实验中，姐弟俩发现两个粒子都在箱子的左侧，而在另一些实验中，两个粒子都在箱子的右侧。当姐弟俩使用经典粒子时，这两个实验结果也出现了。但是经典粒子也出现了另外两种实验结果：奥德丽的粒子在箱子的左侧，而巴克斯特的粒子在箱子的右侧，或与此相反。如果粒子是玻色子，则二者都不能被标记为奥德丽的玻色子或巴克斯特的玻色子。姐弟俩只能在箱子的左侧找到一个玻色子，在右侧找到另一个玻色子。因此，测量玻色子只会有 3 种可能的结果，如图 5.4（c）所示。在其中两种情况下，两个玻色子在箱子的同一侧。因此，发动机在三分之二的实验中做功。

假设一位疯狂的工程师跟你打赌，你用双粒子西拉德发动机提取的功不可能比他提取的功更多。你可以要求用玻色子发动机。玻色子发动机在三分之二的实验中做功，经典发动机只在一半的实验中做功，费米子发动机则永远不会做功。因此，玻色子发动机优于经典发动机，经典发动机优于费米子发动机。量子粒子可以在热力学任务中击败经典粒子，正如量子计算机可以在某种类型的计算中击败经典计算机一样。

{ 魔鬼藏在细节之中 }

量子优势当然很好，但即使经典的西拉德发动机，或更准确地说是它的逆过程——经典兰道尔擦除，也能解决热力学里争论最持久的悖论之一。了解这个悖论，你就会理解为什么热力学会议的宣传画上总是画着魔鬼，热力学研究小组的象征物也总是魔鬼。其中，有些是红的，有些头上长角或尾巴上长刺，大多数手持三叉戟，但总有魔鬼站在黑板前挥舞着橡皮擦。不是因为热力学频道在放映中世纪的德国巫师浮士德，据说他掌握了人类的所有知识之后，用魔术变出了一个魔鬼。正如王冠象征君主制，魔鬼象征麦克斯韦对热力学第二定律的挑战。

我们在前面介绍过詹姆斯·克拉克·麦克斯韦，他是电磁学的创始人，也是拥护原子论的热力学家。关于麦克斯韦还有一件很有名的事。1867 年，他提出了一个悖论。麦克斯韦设想了一个熟悉的场景——箱子里的多粒子经典气体。气体已达到平衡态，粒子以不同的速度在箱子里飞来飞去。箱子将气体与外界隔开。

薄薄的隔板将箱子分成两部分。隔板上有一个阀门，粒子可以通过阀门溜到隔板的另一侧。一个"有限的存在"，按照麦克斯韦的说法，控制着阀门（见图5.5）。他的同事后来称它为"麦克斯韦妖"，这就是热力学妖的来历。

麦克斯韦妖密切地注视着在箱子里穿梭的粒子。如果一个粒子以比较高的速度从左侧飞过来，它就打开阀门让这个粒子通过到达右侧；如果一个粒子以比较低的速度从右侧飞过来，它就打开阀门让这个粒子通过到达左侧。经过一段时间，箱子的右侧全是高速粒子，左侧只有低速粒子。气体粒子的速度越快，动能就越大，温度就越高。所以，箱子的右侧形成热区，而左侧只包含低速粒子，形成冷区。

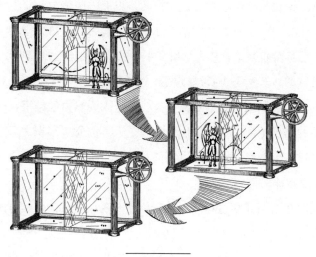

图 5.5

这样，麦克斯韦妖将一个混合系统分解成一冷一热两个系统。它也许有本事把奶油从奶油烤饼中分离出来。麦克斯韦妖竟然降低了气体的熵，厉害！继续讲下去的话，这个故事将更加不可思议。

在第 4 章中，我们曾经看到，给定一个热浴和一个冷浴后，卡诺热机可以做功。麦克斯韦妖就能制造出这样的冷浴和热浴，所以这种箱子可以驱动发动机并为电池充电。发动机完成一个循环时，气体已恢复到初始状态，高速粒子和低速粒子混在一起随机运动。麦克斯韦妖可以再次将高速粒子与低速粒子分开，然后做功。如果麦克斯韦妖不断重复这两个步骤，就可以为无限多个电池充电，让所有发电厂倒闭，并提起世界上的所有茶壶而不支付任何费用。气体总能回到初始状态而没有任何损失，麦克斯韦妖将运行一台永动机，但热力学第二定律告诉我们这是不可能的。

现在让我们来做一个游戏，我称之为"为什么热力学第二定律不可能被打破"。这个游戏可以作为一个电视节目，最后以彻底崩溃为结局。你与朋友在餐桌边谈论它时可以增添一些趣味。这个游戏是这样的：一个人琢磨出一种永动机，其他人必须苦思冥想这种永动机为什么不可能存在。游戏开始了，麦克斯韦玩过第一轮之后正在吃花生酱三明治，而我们则开始思索他的永动机有什么毛病。

热力学第二定律指出，每个封闭的孤立系统的熵都会增加或保持不变。气体无法与外界相互作用，因此它看起来的确是封闭且孤立的。可是，真的是这样吗？气体与麦克斯韦妖相互作用。是不是麦克斯韦妖的熵增加了，抵消了气体的熵的减少？唉，不需要，我们可以用一套自动机制替代麦克斯韦妖完成相同的任务。这套机制可以避免辐射热量，有机体辐射的热量可以忽略不计。如果工程设计完美，这套机制还可以避免摩擦和声音等形式的能量耗散。

麦克斯韦妖需要测量粒子的速度，测量是否会使系统的总能量增加？西拉德在 1929 年提出过这样的假说，当时量子理论开始成形。几十年后，IBM 公司的研究员查尔斯·本内特证明不是这样的。他详细地介绍了一种测量粒子而不耗散能量的情况。1982 年，本内特利用兰道尔原理解决了麦克斯韦悖论。

本内特的论证如下：气体与麦克斯韦妖共同构成一个封闭的孤立系统。麦克斯韦妖有一定的内存（记忆），每当它测量粒子的速度时，内存都会改变，它必须记住这个速度足够长的时间才能打开阀门让粒子通过或关闭阀门挡住粒子。每个循环完成之后，它的内存必须恢复到初始状态，这时它才开始操作永动机，而不致耗散能量。

我们之前在描述这个循环时忽略了一个步骤：麦克斯韦妖在最后一步必须擦除它的记忆。根据兰道尔的说法，擦除是需要做功的。这部分功抵消了卡诺热机所做的功。因此，总的来说，麦克斯韦妖无法从所谓的永久机中提取任何功。这样，一个信息理论任务——擦除解决了一个热力学悖论。

这个解决方案的另一种表述方式是擦除会耗散能量。这种耗散增加了"气体－麦克斯韦妖系统"的总熵，增加的熵至少与麦克斯韦妖所降低的气体的熵一样多。所以，整个系统的熵没有减少，热力学第二定律仍然成立。

在我想象的餐桌边，麦克斯韦吃完了他的花生酱三明治，收起了餐盒。现在轮到你发明一台永动机了。

我们可以理解在热力学卡通画里，魔鬼为什么总是挥舞着一块橡皮擦。至少许多物理学家相信兰道尔原理解决了麦克斯韦悖论。虽然批评者仍在，但这个提议已被广泛接受。实验物理学家通过操纵单个分子和纳米磁体检查了兰道尔上限，理论物理学家为麦克斯韦的故事做了一些完善工作，但并未触及本质。

在本章开头，奥德丽和莉莲分别用自己所掌握的物理学专业知识以及政治和哲学新潮流做交易。同样，信息理论科学家可以与热力学家做交易。信息可以将无用的热量转化为有用功，人可以通过做功获取信息，信息擦除解决了一个热力学悖论。在下一章中，我们将把信息论、热力学以及量子物理学编织起来。

第6章

物理学再续前缘
瞻望量子时代的蒸汽朋克前景

一张羊皮纸地图铺在橡木餐桌上，巴克斯特正弯着腰看地图。

"巴克斯特，走过来点儿，让奥德丽看看。"卡斯皮安招呼巴克斯特。巴克斯特嘟囔着，退到地图的一角。羊皮纸地图皱皱巴巴，它的一个角上压着一个茶杯，另一个角上压着一只银铃，还有一个角上压着维萨里的一本解剖学著作，最后一个角上压着一尊古埃及的努比亚人雕像。

地图泛黄，墨水褪色，羊皮纸闻起来臭烘烘，像一只需要洗澡的獾，即使看一眼也会让人想起那种气味。地图上满是有围墙的城堡、崎岖的海岸线和蜿蜒的小路。奥德丽走到巴克斯特站过的地方，注意到冰山和金色沙滩，还有一个天真无邪的小男孩，他呼吸的气息形成了西风。她弯下腰凑近看，将一缕散发掖到耳后，用一根手指抚过标记着埃勒斯特拉夫海的蓝色螺线。

"是不是地图的边缘应该写'这之外有很多龙'？"奥德丽问。她一抬头，看见卡斯皮安正对着她微笑。

"制图师不需要写这些字，"他说，"地图上到处都是龙。"

西拉德发动机和兰道尔擦除表明，不仅传统计算与热力学紧密交织在一起不可分割，量子计算与热力学也是这样。纠缠可以将做功的成本转化为做功的收益，玻色子可以提升发动机所做的功。因此，量子资源可能使热力学家受益。借助量子信息论（量子纠缠的理论框架），我们可以解释为什么是这样。反过来，热力学有助于量子信息科学家理解量子物理学与经典物理学有何不同（量子纠缠和玻色子能让人提取更多的功）。

量子蒸汽朋克是横跨量子物理学、信息论和热力学的交叉领域。这个领域关注量子系统如何推动热力学任务的执行并因此与经典系统区分开来，以及如何利用量子物理学和信息论为19世纪的热力学注入最新信息，将19世纪的热力学版图拓展到小尺度经典系统和远离平衡态的系统。尽管这些系统不是量子系统，但它们与维多利亚时代的热力学家研究的大尺度、多粒子、处于基本平衡态的系统形成了对照。

这样重新构想热力学已经进行了多年。我的同事、学术前辈和我自己已经设计、嫁接和改进了一个数学的、概念的和实验的工具包。这个工具包虽不完备，但已经举足轻重。我和同事背着这个工具包，穿越各个领域之间的荒野地带，与其他学科的研究者交流想法。我们与化学家、凝聚态物理学家、粒子物理学家、生物物理学家等合作，利用量子热力学工具回答他们的问题；我们也借用他们的工具回答我们所研究的领域的问题。我们帮助他们发现他们所研究的领域的新问题，他们的问题也对我们的研究有帮助。量子信息热力学与其他学科之间的这种交互就是我所说的量子蒸汽朋克。

我从事的研究领域往往被称为量子热力学，但我有时称之为量子信息热力学。我在攻读博士学位时，意识到这个领域具有蒸汽朋克之美。昔日的科学家在研究之余还注重美学，令人仰慕，故此我为它起名"量子蒸汽朋克"，当今的学生们采用了这一名称。

在本章中，我们将回顾量子蒸汽朋克的历史，然后将看到为什么即使像功和热这样的基本热力学概念也需要放在量子语境下重新思考。在接下来的几章中，我们将展望量子蒸汽朋克的前景，以及它的一组子领域和研究成果。在探索过程中，我们将重新思考量子功和热。

｛ 起初 ｝

详细介绍量子热力学的历史需要很大的篇幅，这里我只概述一下。这一领域可以追溯到 20 世纪 30 年代，那是量子理论的童年时期，当时物理学家希望量子的不确定性（即我们不可能同时确切知道量子粒子的位置和动量）可用来证明热力学第二定律，并解决麦克斯韦悖论。虽然这两个愿望最终落空，但仍可以说明当热力学与量子理论叠加起来时，人的好奇心顿时被点亮。

1956 年，哈佛大学的物理学家诺曼·拉姆齐证明，量子比特的温度可能低于绝对零度。我们将在第 7 章中看到为什么这是可能的。拉姆齐所说的量子比特并不是今天的量子比特，因为在他生活的那个时代"量子信息心态"还没有形成。他只描述了原子能级有两个梯级的情况。3 年后，埃里克·舒尔茨-杜波依斯和亨利·斯科维尔才意识到，若干这样的原子可以用作量子发动机。他俩与约瑟夫·格伊西克详细讨论了这个想法，第 7 章将讲到这一点。和信息论创始人香农一样，这 3 位物理学家都曾在贝尔实验室中工作。

20 世纪 70 年代，数学物理学家为量子热力学的发展做了很多贡献，开发了一套方程组，它能模拟量子系统如何稳定在平衡态。80 年代，量子发动机的研究取得新的进展，人们开发出了分析量子发动机的理论工具和设计量子发动机的实验工具。位于耶路撒冷的希伯来大学的龙尼·科斯洛夫和波兰的伯但斯克大学的罗伯特·阿利茨基采用的是一种抽象的数学方法。龙尼指出，量子系统的一些特性使其可以用作发动机。

马兰·斯库利用的是一种更具体的办法，他探索了激光等量子系统的热力学特性。马兰曾访问我所在的研究所，我发现他的绰号"量子牛仔"很贴切。在怀俄明长大的马兰是得克萨斯的一位教授和牧场主，他对科学和科学传播的态度是"有什么说什么"。[1]

20 世纪 80 年代，麻省理工学院的理论物理学家试图构建一种量子热力学理论。这个团队的成员包括埃利亚斯·吉夫托普洛斯、乔治·哈特索普洛斯和吉安·保罗·贝雷塔，他们重新思考了热力学熵、热平衡和热力学原则，同时考虑远离平衡态的小尺度系统。一些科学家否认这个团队的工作，他们认为热力学始终关注的是大尺度系统。小尺度系统的热力学怎么可能不产生矛盾呢？4 年后，量子热力学正式成为一个科学子领域。

几年后，麻省理工学院聘用了量子热力学的另一位创始人塞斯·劳埃德。塞斯是量子计算科学家（见第 3 章），曾对热力学第二定律说过俏皮话（见第 4 章）。我曾提到过，如果你对量子计算有什

---

[1] 马兰和他的一个儿子合著了一本量子热力学著作《恶魔与量子：从毕达哥拉斯的神秘主义到麦克斯韦妖与量子之谜》。——作者

么想法，可以查查塞斯在几十年前发表的论文，没准儿他在某篇论文里曾提到过与你的想法相似的想法。这句话在量子热力学领域中仍然有效。塞斯在完成于 1988 年的博士学位论文标题中提到了麦克斯韦妖。这篇论文探讨了何时可以以及何时不可以利用信息降低热力学熵。该论文还展示，在某些特殊情况下，经典热力学如何预测量子系统的行为，即使量子系统处于纠缠状态[1]。具体例子包括黑洞——宇宙中密度最大的区域。

黑洞研究集中体现了量子物理学、信息论和热力学的完美结合。20 世纪 70 年代和 80 年代，一些物理学家探索了黑洞，贡献者包括雅各布·贝肯施泰因、斯蒂芬·霍金、比尔·昂鲁和保罗·戴维斯等。大多数黑洞研究人员与量子热力学没有交集，只有少数例外。

20 世纪 80 年代是量子热力学得到快速发展的年代。首先，保罗·贝尼奥夫等人探讨了计算机散热的最小极限。这些人对最基本的极限的关注导致了量子计算的进展。其次，本内特在 1982 年解决了麦克斯韦悖论（见第 5 章）。这 10 年对量子热力学来说是了不起的 10 年。

在接下来的 20 年里，量子热力学的炉火继续燃烧，但比较暗淡。那些接着在炉边吹炉火的人中有伊利亚·普里果金，他是一位考古学研究者、钢琴演奏者和诺贝尔奖获得者。普里果金探索非平衡态热力学，他和合作者围绕不可逆性和时间之箭的概念重新构建了量子理论。

21 世纪的前 10 年，量子热力学蓬勃发展，我赶上了这个上升势头。量子信息论作为一种数学的和概念的工具包已经成熟，并开

---

[1] 有关解释在 21 世纪初涌现出来。——作者

始为其他领域提供启示。科学家利用量子系统分享和传递的信息来重新理解化学和材料科学。热力学召唤量子信息论，希望得到重新审视。在过去的 10 年中，热力学和量子信息论的结合不断加强。

在这 10 年的大部分时间里，量子热力学主要在美国以外的地区蓬勃发展，在欧洲、加拿大和日本很早就开始了。一些热点在更远处燃烧，例如以色列的龙尼·科斯洛夫几十年来一直专注于思考量子发动机。随后的一些热点出现在新加坡等其他地方，新加坡早已投资支持量子计算的研究。美国仅在前几年才开始关注量子热力学。我和一些伙伴在美国各地挥动量子热力学的小旗子，希望引起重视。据我所知，第一次在美国本土举办的量子热力学会议于 2017 年召开。量子热力学在美国越来越受欢迎。其他领域的同事正在借用我们的工具，邀请我们一起申请资助。我常收到学生和博士后的电子邮件，他们向我咨询有关量子蒸汽朋克的研究机会。

为什么美国花了这么长时间才赶上量子热力学的浪潮？这个问题的确令人困惑。量子热力学的根扎在 20 世纪 80 年代的美国土壤里。我没有用数据严谨地调查这个问题，所以不能给出权威答案。但是，我注意到一位科学史学家的一个发现。量子热力学的许多研究，尤其是早期的研究是基础性和理论性的。量子热力学家证明了引理和定理，仔细研究了概率论的细节，重新构建了热力学定律，但几乎没人将这些想法付诸实施，连量子发动机的提议者也没有。这位科学史学家指出，这个领域的早期基础性研究有着苏格拉底之前的欧洲哲学传统。而美国早已形成创新和实用传统，美国的大部分科研集中在实验、技术和应用方面。因此，只有在这个领域走出抽象理论之后，美国才开始欢迎量子热力学。这一点也不奇怪。

我崇尚抽象理论，也为此贡献了自己的一份力量。我也与实验人员合作，将理论引入真实物理世界。我还将量子热力学介绍给其他学科，例如凝聚态物质、原子和激光物理学、化学以及黑洞物理学。随着量子信息论在 21 世纪初期开始改造包括热力学在内的其他领域，量子热力学正在使其他领域的面貌焕然一新。这是一个活跃的学术圈子，我很幸运成为其中一员，与合作者为实现这些目标而共同努力。

{ 量子不一样 }

20 世纪的物理学家菲利普·安德森提出一个口号：多则不同！他因阐明统计力学和凝聚态物质而获得诺贝尔奖。他的口号概括了为什么我们应该不厌其烦地研究统计力学，研究大尺度、多粒子系统。大尺度系统中的每个粒子都遵循牛顿定律或量子理论。因此，要想描绘大尺度系统似乎不需要经典力学和量子力学之外的理论。但利用牛顿定律研究蒸汽云时，我们需要计算每个蒸汽粒子的轨迹。一片蒸汽云可能包含大约 10^{24} 个粒子，我们要花费大量时间、精力和计算资源。更糟糕的是，我们几乎无法得到任何发现。多粒子系统表现出单个粒子无法表现的集体行为。如果你只观察过一只乌鸦，就无法理解一群乌鸦的行为。一群乌鸦会在空中组队飞行，编织出美丽的图案。多则不同。

谈到热和功，量子则不同。我们说，热是随机的未能利用的能量，而功是很好地组织起来的能量，可用于执行任务。在第 5 章中，我们曾看到一个量子功的例子，量子粒子通过西拉德发动机举起了一把小茶壶。但为了定义和测量量子功和热，我们需要的不只是例子，可能还需要一般规则。此外，关于西拉德发动机的功与热的交换，还有更多微妙的细节需要厘清。

要想知道为什么，可以假设我们将西拉德发动机稍微改变一下，箱子里装的是另一种量子气体。这种气体通过箱壁与热浴进行热交换。活塞压缩气体，对气体做功。我们如何定义和测量气体吸收了多少热量，以及活塞对气体做了多少功？气体处于某种量子态。在大多数量子态下，由于量子的不确定性，气体缺乏明确定义的能量。如果气体当前的能量不能确定，它与活塞和浴相互作用之后的能量也不能确定，那么我们如何确定能量的变化幅度？这难以做到，更不用说将这个数值分解为热和功。

我们或许可以在气体与活塞和浴相互作用前后分别测量气体的能量，每次测量将迫使气体进入能量明确的状态。然而从另一个角度看，这种"解药"的作用像毒药，因为每次测量都会干扰气体的能量，从而改变气体的能量。现在我们不仅要区分热和功，而且必须区分因测量而注入的热、功和其他能量。我们如何将经典定义的热和功移植到量子热力学中呢？

当科学界无法像过去那样区分热和功时，怎么办？每个人都可以提出自己的方式来定义量子热和功。这些定义可以被珍藏起来，放入人类思想的"奇思妙想动物园"里，见证人类无限的想象力和思辨能力。许多想法的提出者坚信他们已经解决了问题，没有一种解决方案是所有人一致同意的。

我没有提出过任何量子热和功的定义。我相信不同的定义仅适用于不同的语境，所以没有一个定义可以统辖一切。物理学家总是试图寻找统一理论，例如统一量子理论和广义相对论（量子理论支配微小物体，广义相对论支配巨大物体）。但是，这种统一方法并非适合所有情形。每当发现一篇论文提出量子热和功的一个新定义时，我都会将它保存在一个文件夹里，标签为"动物园——量子热和功的定义"。仔细看维多利亚时代的动物园的图片，你就会发现笼子比它里面的动物大不了多少。狮子和老虎在猴子和大象的旁边甩着尾巴，每个动物身处的环境都一点也不像它的故乡。因此，我摒弃维多利亚时代动物园的设计，把我的标本（量子热和功的各种定义）想象为维多利亚时代的动物园，让小动物们在玻璃温室里溜达、攀爬或飞行。银色光柱优雅地向上伸展，我们顺着它可以瞥见蔚蓝的天空。高高的玻璃屋顶可以通风。我们的动物园里住着哪些小动物？让我们认识一下。

我把量子热和功的一个定义想象为"约可牧羊犬"，一种集约克夏犬、可卡犬、英国牧羊犬和鬈毛狗的特征于一身的杂交小狗。在自然条件下不可能出现这样的杂交小狗，只有专业人士可以将其培育出来。同样，这样的量子热和功的定义也不可能自己出现，只有科学家（很可能是理论科学家）才可以提出。如果满足下面的两个条件，就可以使用这个定义：首先，一次只有一件事情发生；其次，任何事情发生之后，我们都测量量子系统的能量。

假如一个箱子里有量子气体，它通过箱壁与热浴交换能量，而活塞压缩气体。为了用约可牧羊犬的方式定义量子热和功，我们将这个过程分为解以下几个步骤：①测量气体的能量；②让气体与热浴交互（进行热交换）；③测量气体的能量；④向内推动活塞。我们这样定义热：用与热浴交互之后探测器显示的气体能量减去与热浴交互之前气体的能量，所得到的结果就是热。我们这样定义功：用活塞运动后探测器测得的能量减去活塞运动前测得的能量，所得到的结果就是功。

这样定义量子热和功有两个好处。首先，每次实验中交换的功和热都是明确定义的，而不是只定义了这些实验结果的平均值（后一个定义只定义了平均值）。其次，这个定义是可操作的，即可以用实验步骤明确表达的。利用这个定义，如何测量热和功比较明确。

不好的一面也有。正如前面讨论过的，每次测量都会干扰系统的能量。此外，这个定义还有"人造"的毛病：系统往往一边吸收功一边进行热交换。严格分开各个步骤很不自然，频繁测量能量也很不自然。因此，这个定义在我看来就像专业人士培育的新品种小狗——约可牧羊犬。

我将量子热和功的第二个定义想象为一头大象——一个结结实实的物理实在。我称之为"大象定义"。这个定义需要用到一个电池——一个与被测系统分开的辅助系统。我们应该能可靠地为电池储存能量以及从中提取能量。假设被测系统是奥德丽的一个量子弹簧，电池是巴克斯特提供的一个原子（见图6.1）。最简单的量子电池只有两个能级。巴克斯特可以让他的原子保持在能量阶梯的低能级。现在，让我们假设电池总是有明确定义的能量（E_0 或 E_1）。

假设姐弟俩希望从一根压缩弹簧中提取功。巴克斯特把他的电池准备好，让它处于低能级，能量为 E_0。姐弟俩将弹簧连接到电池上，让能量在两个系统之间传递。交互过程结束后，弹簧处于低能级的松弛状态，原子处于高能级（能量为 E_1）。我们将原子获得的能量（E_1-E_0）定义为弹簧所做的功。

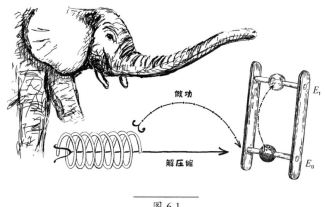

图 6.1

现在，假设姐弟俩想对被测系统做功，也就是压缩弹簧。巴克斯特让他的电池处于高能级，能量为 E_1。姐弟俩利用来自电池的能量对弹簧施加作用力，这样会消耗电池的能量，使其能量降到 E_0。我们可以说弹簧吸收了大小为 E_1-E_0 的能量。

这个定义有 3 个优点。首先，它制定了一个物理协议，实验者可以执行这个协议来测量功。如果一个定义让我们能测量一个物理量（例如功），它对我们来说就更有意义。其次，该协议并不要求我们直接测量弹簧的能量。因此，与约可牧羊犬协议相比，我们对弹簧的干扰较小。然而我们的确会干扰弹簧，因为我们需要把弹簧与原子耦合起来。"约可牧羊犬"协议对弹簧能量的冲击是直接的，像一道闪电。

最后，我们可以将这个协议推广至一般情况：你不能确切地知道压缩弹簧所需做的功，而只能估计。所需做的功可能不等于电池的能量差 E_1-E_0。即使所需做的功小于 E_1-E_0，你也无法可靠地使用电池。原子通常不能在能级之间停留，因此原子能提供的能量可能比你需要的少。但我们可以设计一个电池，它有许多间隔密集的能级。即使你低估或高估了所需做的功，那也没问题。电池可能最终停止在比期望值稍高或稍低的能级上。

大象定义有两个缺点使其逊色。首先，它只规定了功的定义和测量方法，没有规定怎么测量热。其次，我们不能假设电池总是有良好定义的能量（电池是一个量子系统，可以处于能量叠加态）。如果电池处于能量叠加态，那么做了多少功仍不清楚。

量子热和功的第三个定义像一头牛羚，它不紧不慢，既不超前也不落后，身处一群同类伙伴中间，也就是处于平均状态。量子物理学家一直在调用平均值。想象一下多次反复对某个量子粒子做实验，每次实验时在同一时刻测量量子粒子的能量，然后对结果求平均值。理论物理学家可以预测这个平均值，知道这个粒子的量子态和环境的性质。随着实验一次又一次地进行，粒子的量子态和环境的性质发生了变化，粒子的平均能量也发生了变化。根据牛羚定义，平均能量变化中来源于量子态变化的那部分转化为热，来源于环境变化的那部分转化为功。

让我们从环境开始看看这个定义为什么有道理。"粒子的环境"的意思是粒子是在电场中还是在开放空间中，或者在箱子里。箱子被推动了吗？粒子是不是只能在二维表面（比如桌面）上移动？桌面上是不是有个小坡？实验物理学家在实验室中可以改变系统的环境，比如通过转动旋钮、加强磁场、打开激光等。实验物理学家可以控制这些变化，正如热力学代理可以控制做功的能量。因此，我们将功定义为任何由环境变化引起的平均能量变化。

平均能量不仅取决于环境，还取决于粒子的量子态。我们建立的量子态是概率分布的量子模拟。概率规定我们可以多么精确地预测事件将怎样发生。如果可能的发生方式有相同的概率，则事件是完全随机的，我们无法预测得太多。热是随机运动的能量，使事件随机化。因此，热使概率趋于均一，同样也使量子态变得均一。所以，我们将热定义为任何由量子态变化引起的平均能量变化。

牛羚定义有符合直觉的优点：功是受控的，热使概率随机化。但是，量子平均值涉及多次实验。牛羚定义没有定义或详细说明如何测量在一次实验中交换的功与热。

此外，牛羚定义与凝聚态物理学家青睐的定义有矛盾。凝聚态物理学家研究物质，一块物质有一个能量阶梯，包含许多能级。假设你长时间持续周期性地击打这块物质，啪、啪、啪、啪……凝聚态物理学家给这种击打起了一个名字——弗洛凯驱动，借用 19 世纪法国数学家加斯东·弗洛凯的名字。再假设击打之后测量这块物质的能量，检测器将显示一个数字，这个数字与某个能级关联。检测器显示各个能级的概率是相等的。也就是说，物质的量子态均匀分布在所有能级上，如果物质已与无限温度浴①达到热平衡，则它的量子态分布方式与此相同。根据凝聚态物理学家的说法，击打（即弗洛凯驱动）是在加热量子比特。根据牛羚定义，击打提供的不是热而是功。击打是物质外部环境变化的结果，而不是热浴作用的结果。因此，凝聚态物理学家在牛羚定义问题上与量子热力学家有争论。

现在让我们用双筒望远镜看一看量子热和功定义的动物园里的

---

① 无限温度浴听起来特别热。因此，你可能期望无限温度浴可以将物质提升到最高能级。这种热浴不存在，尽管在第7章中我们能看到这样的热浴。——作者

另一个物种。这个定义让我想起一只蜂鸟，它的身体轻得连它所栖身的树枝也不受扰动。这个定义规定我们对量子系统的能量的测量要非常"弱"。什么是弱测量？要了解这一点，我们必须了解量子测量是如何进行的。

想象一下奥德丽姐弟俩正在测量奥德丽的一个量子系统，例如一个原子。他俩将这个原子与巴克斯特的某个系统耦合起来，例如向原子发射一个光子。光子与原子交换能量、动量和自旋之后，被原子反弹回来。这种交换将光子的量子态与原子的量子态关联起来。[①]巴克斯特观察他的光子的某种特性。例如，让这个光子撞击光电探测器（收集光的仪器）。光电探测器记录下光子的能量，干扰了光子。光电探测器的指针划过表盘转动了一下，直到指向一个特定的数字。这个过程将光子信息从量子尺度转换到人类尺度。巴克斯特从表盘上读取数字，获取光子信息。根据这些信息以及巴克斯特的系统和奥德丽的系统之间的关联，姐弟俩可以推测出奥德丽的原子的信息。

物理学家通常假设巴克斯特的系统与奥德丽的系统之间存在最大的纠缠，也就是假设这两个系统尽可能强相关。在这种情况下，姐弟俩可以推断奥德丽的原子的很多信息，正如测量可以揭示很多量子态一样。这种对奥德丽的原子的测量称为强测量。但相关性也可能是弱的，光子也可能仅与原子在短时间内相互作用，不能交换

---

① 这里"关联"一词的使用与第3章略有不同。在第3章中，如果奥德丽的原子与巴克斯特的原子发生纠缠，那么测量奥德丽的原子就可以产生与测量巴克斯特的原子相关的结果。在这里，我是说纠缠将奥德丽的原子与巴克斯特的原子关联了起来。第二种说法可以视为第一种说法的简化。——作者

太多的能量、动量和自旋。巴克斯特的光子不能给出关于奥德丽的原子的信息。巴克斯特将执行弱测量。

为什么他俩放弃原子信息？为的是避免过多干扰原子。如果两个系统之间存在最大的纠缠，那么光电探测器对原子的扰动与它对光子的扰动一样强。如果两个系统只发生轻微的纠缠，光电探测器就只会轻轻扰动原子，像蜂鸟在耳后嗡嗡叫，你的脊背可能感到一丝凉意，但不会受到暴力击打的痛苦。此外，姐弟俩可以多次进行实验，测量结果会积累起来。这样，那些强测量可以获得的信息能通过弱测量重新构建出来，而不至于过多干扰系统的能量。

量子热和功的蜂鸟定义源自约可牧羊犬定义，即测量系统的能量，但测量能量时用弱测量代替强测量。这个定义的优点是被测系统的能量几乎不受扰动，但往往需要多次实验才能得出结论，所以只运行一次几乎不能说明功和热的交换。

到现在为止，对量子热和功定义的动物园的访问就结束了。我们遇见了约可牧羊犬（需要频繁测量能量，并强行在时间上将功交换与热交换分开）、大象（需要用电池定义功）、牛羚（用一大群牛羚的平均值定义热和功）和蜂鸟（要求对能量进行弱测量）。在山茶花和棕榈树之外还有一些物种正在游荡，但现在我们还是溜出动物园的温室吧，玻璃门在我们身后关上。转身再看，从温室外面可以看见闪闪发光的大厦。对我来说，动物园告诉我，即使将最基本的热力学"翻译"为量子理论，难度也是不小的。的确，量子物理学与经典物理学不同。

现在，让我们正视眼前的景观。我将量子蒸汽朋克想象成一道景观，它的地图像一张羊皮纸，就像本章开头奥德丽查看的那张地

图一样。地图上点缀着许多城邦、王国和公国，因为量子蒸汽朋克涵盖许多领域。不同的领域涉及量子热力学的不同角落，并从不同的角度趋近我们的问题。我们将穿越景观探访这些领域。同时，奥德丽、巴克斯特和卡斯皮安将穿越他们的地图。我们不会参观每个石窟和城堡遗迹，参观的将是你们的导游碰巧知道的那些地方。请允许我做你们的导游。但是，我们会通过故事来培养我们对景观的感受。所以，请收拾好行李，带上双筒望远镜，再在口袋里藏一把小刀。正如卡斯皮安说的，地图上到处都是龙。

第 7 章

踩一脚油门

量子发动机

咔 咔、咔咔、咔咔……哐当！火车摇晃几下，慢慢地停下来。趁着混乱，巴克斯特从一沓扑克牌中抽出一张，将手里的牌偷换了一下。奥德丽拍了拍他的手。一位年轻的售票员踉踉跄跄地走过来，海军蓝金边帽子歪歪扭扭地戴在他的头上。

"对不起，先生，"奥德丽问道，"发生了什么事？"

售票员抓住她的座位对面的栏杆，一边站稳，一边扶正帽子。

"好像是一台发动机熄火了，小姐。"售票员擦了擦前额的汗。

卡斯皮安从报纸上抬起眼，挑了挑眉。奥德丽与卡斯皮安迅速交换了一下眼神。巴克斯特又迅速偷换了一张牌。

"不用担心，小姐，"售票员接着说，又擦了擦汗，"我们已经到了曼彻斯特郊外，那里的量子工程师多极了。请原谅，小姐。我们晚上会回来，我说话算话。"

热力学机器是一种能使用、产生或储存热或功的设备。比如，热机、冰箱、热泵、棘轮、电池和时钟都是热力学机器。今天在市场上可以买到的热力学机器都遵循经典物理学原理，但如果它们包含量子零件，还遵循经典物理学原理吗？

如第 6 章所述，第一个量子发动机是由物理学家埃里克·舒尔茨 – 杜波依斯和亨利·斯科维尔提出的。1959 年，他们提出一个提议。1967 年，他们与物理学家约瑟夫·格伊西克共同提出它的扩展版本。这个领域是从他们的提议开始的，因此我们的讨论也将从这里开始，尽管我们知道他们的发动机不需要信息论。我们将仔细聆听他们设计的量子发动机发出的呼呼声，还将思索可能存在的最小的冰箱是什么样子，以及纠缠对电池有什么好处。量子发动机已经帮助我们理解量子为何不同，但你并不能很快就在路上找到量子发动机。

{ 呜呜呜 }

下面想象一个量子发动机，它有一个类似于激光笔的部件。或许你在 PPT 演示中用过激光笔，或许曾提醒别人"小心点，别照进我的眼睛"，或许曾挥动激光笔逗你的小猫跳来跳去——激光点像容易捕捉的小动物。要形成激光，将一堆原子放入一个盒子中就可以，每个原子有相同的能量阶梯。激射（激光作用）涉及 3 个能级，其能量分别称为 E_0、E_1 和 E_2。原子在吸收和发射光子的同时，沿能级上升和下降。发射的光子形成的光束就能让小猫发疯。

脉泽（Maser，微波激射器）类似于激光笔，只是它发射的是微波，而不是可见光。脉泽的出现早于激光，但在 PPT 演示中没人需要用微波，除非观众席里有人想吃爆米花。猜猜脉泽和激光是在哪里开发出来的？对，就是克劳德·香农、舒尔茨 – 杜波依斯、斯科维尔和格伊西克所在的贝尔实验室，以及位于莫斯科的列别捷夫物理研究所。我们将看到第一个量子发动机由可以形成脉泽的那种原子组成，尽管原子的表现与脉泽不同。

这个量子发动机与3个温度不同的浴交互。其中两个浴与量子发动机交换光子，第三个浴由于技术原因而不一定交换光子，但我们仍然可以认为这3个浴正在与量子发动机交换大小固定的能量包。

一个浴发射带有能量的光子，可以将量子发动机的能量从第0级提升到第1级［见图7.1（a）］。反过来，量子发动机也可以向浴发射带有能量的光子，它的能量从第1级下降到第0级。第二个浴与量子发动机交换能量包，最后一个浴与量子发动机交换带能量的光子［见图7.1（b）］。因此，每个浴促使原子在两个能级之间跃迁。对每个浴来讲，原子"看起来"好像只有两个能级。两个能级的作用类似于第3章介绍的向上自旋和向下自旋两个状态，每对能级形成一个量子比特。

由两个能级形成的量子比特与一个浴达到平衡时，会发生什么事？这个浴将使量子比特退相干，也就是除保留能量的量子化以外，剥夺它的其他量子特性，例如量子比特不再处于叠加态。因此，量子比特的能量是良好定义的。即使知道量子比特与浴处于热平衡态，我们仍不知道能量的具体值。这个量子比特有一定的概率（1–p）占据低能级，有一定的概率（p）占据高能级。概率p取决于浴的温度：浴越热，量子比特占据高能级的概率越大。

概率p如何取决于浴的温度？我们可以这样找到答案：考虑一个低温状态，查看概率p如何表现，然后想象温度升高，观察概率如何变化，重复以上步骤。让我们从可能存在的最低温度开始。根据热力学第三定律，任何系统的温度都不可能达到绝对零度，但可以很接近绝对零度，所以让我们假设浴的温度确实达到了绝对零度。这时，量子比特没有能量，高能级遥不可及。因此，量子比特占据高能级的概率（p）为零。

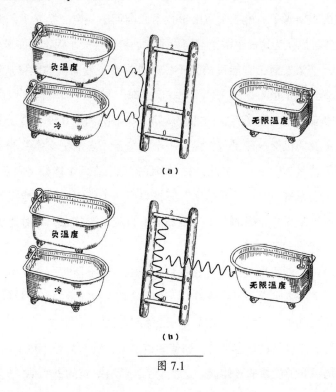

图 7.1

想象将温度稍微提高一点，只比绝对零度高一点。量子比特获得一个微小的概率占据高能级。随着温度升高，概率增大，但概率的增大比温度的升高慢得多。我把温度比喻成外向者，而将概率比喻成内向者。外向者滔滔不绝地讲话，内向者只应了一句话；外向者哈哈大笑，内向者只淡淡一笑。同样，温度大踏步跃进，高能级的概率只迈出了一小步。

当温度趋于无限时，这种行为达到极点：量子比特占据高能级的概率只有50%。连最令人头晕目眩的无限温度也不能保证量子比特跳到高能级。这个结果可能让我们感到惊讶，但在数学上结果就是这样。

另一种类型的温度（低于绝对零度）可以将量子比特推至最高能级。在我们深入讨论"低于绝对零度的温度到底是什么"之前，请允许我过早暴露自己的高傲：我就是那个占据高能级的量子比特的概率；我很内向，喜欢安静地沉思，有少数几个难得的朋友陪伴。外向者总是试图把我拉出来，但他们的努力可能会适得其反。他们说的话越多，我用来反思、形成意见和表达想法的安静时间就越少。他们在楼梯上爬得越高，就把我甩得越远。他们趋于无限高的地方时，我停留在中途。对于那些试图吸引我们这些内向者的外向者，我建议他们从热力学中学习一个策略：从高处下来，回到有限领域，不要热情洋溢地夸夸其谈，而应注意倾听。这样才能提高我们内向者的概率，让 p 为1。

好吧，温度低于绝对零度到底意味着什么？在第4章中，我提到以开为单位测量温度，而不是用华氏度和摄氏度。零开即绝对零度，是冷却任何系统时可能达到的最低温度。低于零开的温度即负温度，似乎不可能达到。但负温度的量子比特并不比零开的量子比特更冷，它比无限温度的量子比特更热。我们说过，在无限温度下，量子比特有50%的机会占据高能级。想象一下，将温度设置为无限，然后向量子比特注入更多的能量，可以用激光照射原子的方式将能量注入原子。量子比特将以大于50%的概率占据高能级。我们已经看到量子比特的温度不能介于零开和无限之间。因此，根据数学上的结果，温度是负的。

一个负温度的量子比特比一个无限温度的量子比特有更多的能量，也就是更热。最冷的系统可能达到的温度是零开，负温度使得系统比零开热得多。

人体不可能有负温度，室外的空气也不可能，你的烤箱以及办公楼一层浴室中的水龙头流出的滚烫的热水都不可能有负温度。这些系统有无限多个能级，而一个量子比特只有两个能级。能级有限的系统才可能有负温度，其原因超出本书的范围。可以这么说，量子化允许量子系统有负温度，负温度系统比无限温度系统更热，而且今天使用的技术（包括激光）利用了负温度。

与量子发动机交互的第一个浴（热浴）有负温度，我们不妨将这个浴视为由负温度量子比特组成。当原子在顶部的两个能级 1 和 2 ［见图 7.1（a）］之间变换时，它将获得或失去能量。由于负温度，原子更有可能位于最高能级。第二个浴（冷浴）促使原子的能量在底部的两个能级（能级 0 和 1）之间变化。这个浴的温度仅比绝对零度略高一点，因此原子有相当大的概率占据最低能级。

第三个浴（热浴）促使原子在最高能级（能级 2）和最低能级（能级 0）之间转换。这个浴有无限温度，与发动机交换的是功。你也许会问热浴交换的是热，它为何能交换功？还记得我在第 6 章中用很多笔墨不厌其烦地讨论怎样区分热和功吗？你可以这样说无限温度浴："与它们交换热像与它们交换功一样，二者等价。"理由是与这种浴交换热不会增加它的熵。想象从一个无限温度浴将热传递给卡诺热机。发动机将把所有的热转化为功，一点也没耗散。因此，我们不妨将任何与这种热浴进行交换的热视为功。

图 7.1 描绘了量子发动机是如何工作的。可以想象，在每次实

验中，每个能级带一个小球，表示原子占据这个能级的概率，即这个能级的"概率权重"。权重越大，小球就越大。

冷浴将一部分概率权重从能级 1 降低到能级 0。同时，负温度浴将一部分概率权重从能级 1 提高到能级 2。负温度浴太热了，它提高概率权重的幅度比冷浴降低的幅度大。因此，占据最高能级的概率权重很大，占据最低能级的概率权重较小，而占据中间能级的概率权重几乎为零。

好，现在原子与无限温度浴达到平衡［见图 7.1（b）］。因此，无限温度浴诱使原子以 50% 的概率占据能级 2，以 50% 的概率占据能级 0。所以，一些概率权重从最高能级下降到最低能级。换句话说，在某些实验中，原子从能级 2 下降到能级 0。在下降过程中，原子向无限温度浴发射一个能量包。因此，量子发动机做了功。

格伊西克、舒尔茨 – 杜波依斯和斯科维尔计算了这种量子发动机的效率，也就是每一块钱投资能引起量子发动机发出多少轰鸣，即它从热浴中吸收的每份热能做多少功。负温度浴给了原子一定量的热，然后量子发动机给了无限温度浴一定量的功。功超过热，如图 7.1 所示。量子发动机的运行效率大于 1，即对于每一块钱的投入，原子得到的回报超过一块钱。买一送一，量子发动机带足够的钱到这个商店买一罐油，离开时带着两罐油，这个买卖真划算！为这个交易提供补贴的是热浴的负温度以及冷浴的非零温度。

这个量子发动机有多么"量子化"？原子的能量是量子化的，至少在字面意义上是量子化的。但是格伊西克等人并没有利用纠缠，甚至没有利用任何叠加态。格伊西克和合作者报告的行为用经典系统就可以近似。但这个原子为这种发动机搭建了一个天然平台，这归功于量子物理学只赋予它很少几个能级。此外，格伊西克和合作者没有继续探讨这种发动机可能表现出的所有行为。例如，它的可靠性取决于量子系统的波动性。

{ 好，女士们、先生们，现在请启动你们的量子发动机 }

格伊西克、舒尔茨－杜波依斯和斯科维尔的工作促进了量子发动机研究领域的迅猛发展，成果现在已经堆积起来了。许多成果集中在卡诺效率上，即任何只带两个浴的发动机可能达到的最高效率。发动机只有在运转无限缓慢的情况下才能达到卡诺效率，其原因让我想起1954年上映的一部电影《码头风云》。在电影中，主角马龙·白兰度饰演的前拳击手说了一句著名台词："我本来可以做一名职业拳击手！"可惜他失去了宝贵的机会。在快速运转的发动机的一个循环结束时，部分散发掉的热也会感叹道："我本来可以做有用功！"为了避免能量耗散，你不得不将发动机的功率降为零。功率是指发动机做功的能力。在经典热力学中，功率越高，效率越低，二者之间有一个权衡取舍关系。

或许量子发动机也是这样，用降低效率的方式提高功率。意大利物理学家米歇尔·坎皮西和罗萨里奥·法齐奥设想了一种发动机，它由粒子组成，可以经历某种特殊相变。如果你曾烧水沏茶，就见过相变。水转化为蒸汽就是一种相变。量子系统的相变可能比我们在日常生活中见过的更离奇。如果你驱使量子系统经历某种相变，粒子之间的相互作用就可能会促使发动机做有用功。功率提高，而无须降低效率。

　　提起多粒子量子发动机，人们也许会想它看起来一定像微缩版汽车发动机，微型活塞驱动微型齿轮转动。唉，这样的想法太浪漫，我接受不了。量子发动机可能由一团粒子组成，一朵微云飘浮在桌子上方，仿佛马上要下雪的样子。已知的物理系统很少必须经历相变，连量子物理学家都会觉得这种事太离奇。然而坎皮西和法齐奥发现至少存在一个已知的系统可以经历这种相变。我希望他们的想法能激励实验物理学家发现更多这样的系统，希望量子热力学技术能驱动基本理论的发展。

　　在本书序篇中，奥德丽曾提到一个量子发动机。她说："巴克斯特正在研制一种很厉害的间谍苍蝇，它们可以非常有效地从某种类型的光中吸取能量，不是壁炉发出的这种光，而是尤尔特的实验室里的那种。"奥德丽指的是压缩态的光——压缩光。压缩光可以通过不确定性原理来理解。不确定性原理为量子系统设置了限制，不允许量子系统同时有确定的位置和确定的动量。光有两个属性，类比于位置和动量，也遵循不确定性原理。你可以尽量挤掉其中一个属性的不确定性，同时让另一个属性非常不确定。[1]压缩态帮助量子信息科学找到了一些应用，比如量子计量和量子密码学。

―――――――――

[1]　还记得第2章曾经讨论过"挤压"，只是用了另一个名字？第2章讨论过测量一个属性就消除了它的不确定性，同时增加了另一个属性的不确定性。这种测量不同于挤压，它会突然猛烈地改变量子态，就像汽车在行驶中突然发生撞车事故而降低行驶速度一样。而挤压改变量子态犹如脚踩油门改变汽车的速度，但动作更轻柔，持续的时间更长。你可以控制油门将汽车加速到50千米/时、70千米/时或80千米/时。类似地，挤压可以让你选择将多少不确定性挤入光的一个属性中。最后，测量只能给出粒子在短暂时间内的确切位置。光处于挤压状态的时间可以更长。——作者

前面介绍过涉及一个冷浴和一个热浴的发动机循环。假设我们用压缩光替代热浴。压缩光并不处于平衡态，但我们仍然可以给它赋予一个温度。想象以最大功率在两个浴之间运行量子发动机，量子发动机在每个循环中尽可能多做功。我们在前面看到，以最大功率运行发动机会降低它的效率。我们还知道，如果发动机只接触两个热浴，其效率不可能超过卡诺效率。但 2014 年的一项分析表明，压缩光发动机的运行效率高于卡诺效率。

这样冷漠地对待卡诺热机不应该让我们感到不安。卡诺效率这个上限背后的预设是平衡态，而挤压浴不是平衡态，不满足这个预设，因此这个发动机没有必要遵循这个规则。在看到关于这种发动机的科学文献之前，我不一定会想到压缩光会打破卡诺上限。但爱迪生在开始做他的实验之前可能已经预见到哪些材料可以用于制造实用的灯泡。

并非所有人都同意挤压浴发动机打破了卡诺效率。理论物理学家认为挤压浴不仅可以向发动机传递热，还可以传递功。他们说，我们应该从发动机所做的功中减去这部分功。量子热和功再次引发争议。

不管争议怎样，苏黎世的实验物理学家制造了一种与压缩光浴交换能量的发动机。他们的发动机由一座微型金属桥组成，金属桥连接着两根竖直的柱子。金属桥约有 100 条 DNA 链那么粗，它可以上下振动，像演奏中的小提琴的弦一样。振动频率越高，金属桥的能量越大。能量是量子化的（几个有限的离散数字之一），因此频率是离散的。我不禁想，如果斯特拉季瓦里乌斯小提琴的频率是这样离散的，用它演奏布拉姆斯的小提琴协奏曲时听起来会是怎样的效果？

从高能级下降到低能级，桥式发动机做功，也就是说它能输出有用的能量。功作用在支撑金属桥的柱子上。实验者并没有说明这部分功有什么用途，比如举起一把微型茶壶。但这很容易，他们只需要将一个准备接受功的设备连接在柱子上即可。

如果多次反复做这个实验，平均每个周期金属桥能做多少功？答曰：像一个红外光子携带的能量那么多。一个白炽灯每秒钟辐射大约 10^{20} 个光子，其中许多光子携带的能量比红外光子多。因此，挤压浴发动机不可能很快就会颠覆能源产业。巴克斯特用挤压浴发动机驱动间谍苍蝇，他一定有超越今天水平的实验技术。尽管如此，在纳米桥能表现出量子行为之前，我仍无法冷却它、控制它和测量它所做的功。所以，今天的实验物理学家理应得到热烈掌声，正如一场精彩的小提琴协奏曲演奏结束后的掌声一样。

{ 痴迷于热力学第二定律 }

现在我们已经看到了对应于卡诺效率和卡诺循环的 3 种量子发动机，即微波激射发动机、相变发动机和压缩光发动机。除了卡诺之外，还有些思想家设计了其他发动机循环。一个循环是指发动机经历若干步骤回到初始状态并输出功的过程。例如，汽车发动机运行奥托循环，该循环以 19 世纪德国工程师尼古劳斯·奥托的名字命名。我第一次接触量子奥托发动机是在读博士期间，那是在一个咖啡厅里。

"嗨，你有兴趣打破热力学第二定律，是吗？"

我正在把牛奶倒入杯子里，一抬头看见吉尔站在我的面前，他端着一杯拿铁咖啡。吉尔是加州理工学院的一名物理学教授和凝聚态理论物理学家。与其他凝聚态理论物理学家一样，他的办公室位于一座名为"桥"的办公楼中，那是一座低矮的西班牙式米色建筑。我偶尔在这座办公楼中看见吉尔，但更多的时候是在加州理工学院的红门咖啡厅中。

吉尔的问题激起了我的好奇心。我不指望任何物理系统可以打破热力学第二定律，尽管我希望物理系统也许可以绕着热力学第二定律转圈圈。我对热力学第二定律很感兴趣，就像贝多芬对钢琴情有独钟一样。

"的确，我对热力学第二定律有点着迷。"我说着放下牛奶。

"你能打破热力学第二定律吗？"吉尔的眼睛里透着期望，"用多体局域化方法。"

多体局域化是某类量子物质的行为，也就是大量量子粒子表现出来的集体行为。例如，一块物质可能由 1000 个相互排斥的原子组成。这样的原子集合构成一个景观，实验物理学家可以用激光"雕刻"出这个景观。想象一个随机景观崎岖不平，到处都是高耸的山脉和低洼的峡谷。假设一位实验者想要测量原子的位置，探测器可能提示一个原子位于半山腰，一个原子在高原上，另一个原子在离山顶不远的地方。大致可以说，每个原子与一个波峰相关联，波峰是在一个点急剧爬升的尖。

在测量之后等一会儿，如果原子是典型的量子粒子，那么波峰会钝化，波会在空间中扩散开来，我们不再能够将任何原子与空间中的一个点关联起来。但多体局域化原子的表现不同：在测量后的很长时间内，它们的波仍然严格地维持在波峰处。因此，我们可以认为原子大多在单一点出现，是"定域性"的。由于这个物理系统包含相互作用的许多原子，我们称这些原子为一个多体系统，因此用多体局域化表征量子物质的一个相位。

多体局域化与我们熟悉的两种行为形成对比。首先，想象这些原子是格里菲斯公园里的网球。格里菲斯公园在加州理工学院附近，我们徒步就可以走到。如果一个网球不在高原或山顶上，它就会向下滚动，滚入山谷。经典粒子不可能停留在量子粒子可以停留的地方。

其次，想象一种最常见的平衡系统——箱子里的经典气体，我们要测量气体粒子的位置并找到被挤在角落里的那些粒子。不久之后，这些粒子将扩散到箱子内的各处。热力学第二定律规定这种扩散必然发生。随着粒子的扩散，它们可抵达的位置越来越多，因此它们可达到的微观状态越来越多，气体的熵增加。多体局域化系统抵制粒子扩散，因此它抵制热力学第二定律。但这种系统不会打破热力学第二定律：如果你等待的时间足够长，原子仍将遍布整个系统。但它们就像腊肠犬，似乎并不急于离开灌木丛，非要咬过每根树枝以后才走。

吉尔和同事研究多体局域化多年。他们详细描述了这种系统的特性，在计算机上模拟它的行为，用实验构建了实现多体局域化的协议，并发起了多体局域化实验。吉尔他们的工作值得鼓掌称颂，因为物理学家的目标就是揭示和理解宇宙的性质，但吉尔仍不满足。

"多体局域化有什么用？"他问我。

物理学家提出了将多体局域化理论转化为技术的一个应用——量子存储器。想象将信息编码在1000个原子中的一个上。如果没有局域化，原子将在景观里跳来跳去，与相邻的原子相互作用。那些相邻的原子也会与它们的邻居交互，信息将通过纠缠散布在多原子系统中。我们在前面讨论纠缠的时候曾提到整体大于部分之和。因此，你不可能通过测量第一个原子而得到你的信息，甚至测量一个个原子团，然后把所有的结果结合起来也不可能得到你的信息。你必须以一种特殊方式同时测量所有的原子，这简直是不可能的。但在多体局域化下，原子的运动缓慢，纠缠传播得很慢。你可以取回存储在多体局域化系统中的信息。因此，多体局域化系统可以作为量子计算机的量子存储器。

"好。"吉尔说。他解释道，我们现在至少已经知道多体局域化的一种应用了，当然可以发现更多应用。他说，我们可以利用"相态"对热力学第二定律的"抵制"来发现热力学的应用。

几个星期之后，经过好几轮会议和喝了很多咖啡之后，我提出了一种发动机设计方案，这种发动机可以占据一个多体局域化相态。我和两个合作者一起改进和分析了这种设计方案，他们是当年和我一起读博士的克里斯托弗·怀特和博士后研究员萨朗·戈帕拉克里希南。克里斯托弗擅长在经典计算机上模拟量子系统，萨朗擅长所有与多量子粒子有关的工作。物理学家将 many-body-localized（多体局域化）缩写为 MBL，因此吉尔将我们的发动机称为 MBL 发动机。

为了解释 MBL 发动机的工作原理，我应该先解释一下什么不是多体局域化。如图 7.2 所示，粒子定位在锯齿状景观上。让我们沿顺时针方向进行摸索。在图的左边，调整激光器，使波峰下降变成小小的隆起，让波谷上升变成浅浅的凹陷。原子容易跳来跳去和相互作用，如图 7.2 的上边所示。量子信息迅速传开。这个量子系统的行为类似于箱子里达到热平衡的气体。这些原子占据了物质的一个相态，我们称之为"热相"。我们可以通过调整激光让原子在不同的热相和多体局域化相之间转化，这种转变类似于液态水在冷冻室里转化为冰。

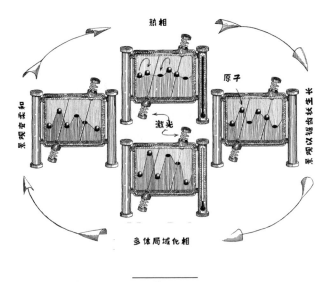

热相

原子

激光

景观变柔和

景观以锯齿状生长

多体局域化相

图 7.2

MBL 发动机的一个版本是由大约 10 个原子组成的分布式景观，景观可由激光诱导出来。原子经历一个量子版本的奥托循环，该循环开始于一个热相——构型柔和的景观（见图 7.2 的上边）。发动机的温度较高，因为它与一个热浴相连，热浴可以由光子组成。断开发动机与热浴的连接就启动了这个循环，循环由 4 个步骤组成。

第一步，调整激光，将景观从柔和构型变为锯齿状（见图 7.2 的右边）。发动机从热相过渡为多体局域化相。第二步，将发动机连接到冷浴上（见图 7.2 的下边）。发动机向冷浴传递热量，其能量下降到较低的能级。第三步，断开发动机与冷浴的连接，然后逆向调整激光，将景观的锯齿状部分抹平（见图 7.2 的左边），发动机从多体局域化相回到热相。第四步，将发动机连接到热浴上，为原子补充热量（见图 7.2 的上边）。

平均来说，每当相变发生时，MBL 发动机就做功，原因在于多体局域化相和热相之间存在差异：一组原子有一系列能级，当这组原子在不同的相态之间转换时，它们也在不同的能级之间转换。这个转换相当于经典卡诺循环里活塞因气体膨胀而移动。

我和合作者没有设计用于存储发动机所做的功的电池。你完全可以把这些原子局限在一个箱子里，光子在箱壁之间来回弹跳，发动机就可以对光子做功了。

因此，多体局域化相和热相之间的差异使我们的发动机能够做功。这些差异还带来了另外两个好处。如果你多次运行发动机反复实验，就可能会遇到两个问题，二者都缘于发动机对热的依赖，热是随机能量，使得发动机的行为有点难以预测。首先，发动机在每次实验中做的功都不同，发动机可能不可靠。其次，发动机偶尔可能消耗功而不是做功。我们不想要消耗功的实验。比如，用洗衣机洗衣服，拿出来的衣服比放进去的更脏，我们不想要这个结果。如果多粒子量子发动机在两个同样崎岖不平的地形景观之间循环，那么以上两个问题都可能存在。如果发动机在崎岖地形和柔和地形之间循环，则可以缓解上面的这两个问题，发动机可能变得更可靠，并且消耗功的可能性较小。多体局域化相态与热平衡态的差异使得MBL 发动机三重受益。

萨朗为我们的发动机设计了另一种比较好的多体局域化方法。由 10 个原子组成的发动机做不了很多功。如果我们想运行更大的发动机，怎么办？我们可以制造许多由 10 个原子组成的微型发动机副本，让它们并行运行。我们可以让原子的转换不是在相之间进行，而是在多体局域化相的中间地带和边缘地带之间进行，发动机的启动不是从热相而是从浅局域化开始的，原子应该移动一点，但不要太快。景观循环可以从中等程度的崎岖地形开始，而不是从平坦地形开始。当我们通过激光改变锯齿状部分时，原子能级的转换幅度不会太大，但这已足够。

在整个发动机循环中，原子始终保持一定程度的局域化。因此，任何微型发动机粒子都不会误入邻近的微型发动机。这样，我们可以将多个微型发动机紧密地组装在一起，而不必担心它们互相干扰。紧密组装复合发动机使单位体积输出大量的功，局域化提高了这种复合发动机的功率密度。因此，这种复合发动机可以制造成我们喜欢的任何尺寸——从纳米尺度到宏观尺度。

一个组装好的 MBL 发动机每次能输出多少功？假设跳来跳去的粒子是掺杂少许磷原子的硅表面的电子，我们的发动机输出的功率比汽车发动机还小，所以你不要指望 MBL 发动机很快就会溜进你的车库。在本章开头，奥德丽乘坐的火车是由量子发动机驱动的，但她生活在一部蒸汽朋克小说里面。不过 MBL 发动机有自己的优势：一台汽车发动机的功率密度仅超出 MBL 发动机 10 倍左右。

MBL 发动机的优点不仅堪比汽车发动机，而且堪比另一种小型发动机。一些细菌是通过鞭毛推动自己移动的，鞭毛是由细菌内部的微小"发动机"驱动的。根据我们的粗略估计，MBL 发动机输出的功率比鞭毛"发动机"大 10 倍左右。

MBL 发动机是否像吉尔所希望的那样打破了热力学第二定律？

可惜，不是。任何事情都不可能违反热力学第二定律。MBL 发动机只是利用了多体局域化这种量子现象，可以抵抗热化（thermalization）很长时间，它最终仍然屈服于热力学第二定律，只是非常缓慢而已。

正如汽车需要做碰撞测试，MBL 发动机也面临实验测试。我和合作者正在努力用超导量子比特制造 MBL 发动机，希望在本书的后续版本中我可以报告这个理论通过了实验检验。

我很喜欢 MBL 发动机，不仅因为它运行良好，而且与某些竞争者相比，它运行得相当优雅。这个发动机将量子热力学与凝聚态物理学完美地结合在了一起，这两个领域交相辉映。在研究期间，我很喜欢"桥"办公楼的月光。当吉尔把我介绍给一位来访者，说我是一位凝聚态物理学家时，我感到一丝自豪。"桥"这个名字真贴切，因为它是联系不同学科的纽带。

{ 劲量电池遇见量子物理学 }

传统热机将热转化为功，而量子发动机超越了传统热机。例如，逆运行的热机就是冰箱。冰箱通过墙上的插座获取电力，冷却晚餐食物。更广义的冰箱消耗功，将热从较冷的系统输送到较热的系统。我和合作者想象着让 MBL 发动机逆运行，将热从冷浴传送到热浴。冷浴和热浴是量子化的，例如由光子组成。系统往往需要低温才能表现出量子特性，因此 MBL 发动机可以用作"量子冰箱"冷却"量子晚餐"。

MBL 发动机含有许多粒子。我们的冰箱可以缩到多小？想象一台冰箱，想要用它冷却奥德丽的一个原子。冰箱需要外界对它做功

（例如由墙上的插座提供电力）来维持运行。我们也可以给冰箱连接一个热浴和一个冷浴。冰箱可以从两个浴中提取所需要的功，然后用这些功冷却奥德丽的原子。科学家发现，最小的这种冰箱是一个三能级系统，例如一个原子最下面的 3 个能级。

冰箱消耗功，发动机做功，电池储存能量，能量可用于做功。在第 6 章中，我们曾遇到一个量子比特电池，就是量子热和功定义的动物园里的"大象"。量子比特电池促成了"大象"定义。一个量子比特电池有两个能级，相当于电子向上自旋和向下自旋两个状态。当占用较低的能级时，电池的电量为空；当占据较高的能级时，电池的电量为满。

想象一下，奥德丽递给巴克斯特一个量子比特电池。它与其他事物没有发生纠缠，只是处于任意量子态。奥德丽指导巴克斯特为电池充电。巴克斯特是否服从取决于两个因素：他需要向电池注入多少能量以及充电需要多长时间。注入的能量越多，充电时间越短，对巴克斯特来说越好。巴克斯特的目标是使功率最大化。

这个电池是一个量子比特，我们可以用一个指向某个方向的箭头表示它的初始状态。巴克斯特选择电池的最终状态，用另一个箭头来表示。巴克斯特还选择从初始状态到最终状态的路径。他可以驾驶他的箭头沿着本初子午线走到赤道，然后选择一条螺旋状、之字形或其他形状的路径，那是一条功率最大的路径。

现在，假设奥德丽递给巴克斯特一组量子比特电池。在初始状态下，每个电池不与任何其他东西发生纠缠。巴克斯特返还这组电池的时候，它们也不能处于纠缠态。他必须为电池充好电，使平均量子比特接收到的功率最大化。巴克斯特可以并行为电池充电，将他的单个量子比特策略应用于每个电池，但是这种方法不会使每个电池的功率最大化。

巴克斯特应该让电池纠缠起来，最后再解开纠缠。这种策略缩短了充电时间，因而提高了每个电池的功率。下面我将解释为什么。这组电池处于某种量子态。我们不能用一个指向三维空间中的某个方向的箭头来表示这个状态，因为电池集合不是一个量子比特。但我们仍可以想象巴克斯特能驾驭电池从一个状态转换到另一个状态，再转换到其他状态。如果他不能让这些状态纠缠起来，他可选的路径就比较少，就像暴风雨后一个孩子只能踮着脚尖在人行道上选择落脚点，这样绕来绕去会花费很多时间。这个孩子也可以不顾泥水溅湿鞋子，在人行道上飞奔。同理，如果巴克斯特让电池纠缠起来，就可以让它们更快地到达最终的量子态。

因此，纠缠让我们能以大功率快速为量子电池充电。如果机场上的那些充电站可以利用纠缠，那该多好！旅客可以在登机前给自己的手机、笔记本计算机等都充好电。

日常使用的电池不会发生纠缠，量子发动机也不会很快渗透到我们的日常生活中。实验者正在建造量子发动机，但目前量子发动机只处于原理验证测试阶段。此外，原理是否值得证明并不总是很清楚。例如，我有一次试着说服一位实验人员做一个实验时就失败了。他负责管理一个原子实验室，我试图说服他测量一个量子系统所做的功。

他问："为什么？有什么好处？"

量子系统几乎提供不了任何能量。如果需要能量，他可以通过墙上的插座获得电力。

有道理。更糟糕的是，冷却原子运行发动机可能需要吸收很多能量，这可能比从发动机那里获得的能量还多。量子发动机尚未像蒸汽机那样为技术进步带来什么好处。

有人提出自主量子发动机的概念，希望帮助解决这个问题。实验人员运行发动机需要投入功，例如调整 MBL 发动机的景观或加强磁场。自主机器自行运行，不需要消耗功。自主量子发动机的设计是存在的，抽象的和具体的都有，并且一台自主量子发动机已经通过实验实现，但自主量子发动机尚未显示改变能源市场的潜力。此外，尽管不需要投入功运行自主机器，但需要投入功将它们冷却到接近绝对零度。

另外，分子发动机和纳米机器人确实已在实验室内运行，也在生物体内运行。例如，生物体细胞内的蛋白质沿着纳米高速公路运输分子。2016 年，3 位化学家因设计和制造分子发动机而获得诺贝尔奖。但这种发动机往往遵循经典统计力学规律，不需要量子热力学。

量子发动机还没有引发量子工业革命。有人曾希望量子机器能打破热力学第二定律，我们没有做到。尽管如此，我们仍然可以绕着热力学第二定律转弯，正如凌波舞者弯曲身体从横杆下方滑过。我们一直在寻找量子机器可以实现哪些经典机器实现不了的目标，并区分什么是可能的和什么是不可能的。因此，量子发动机已经为基础物理学做出了不小的贡献。至于它们对工程的贡献，仍有待揭晓。

第8章

嘀嗒嘀嗒
量子时钟

"快迟到了，怎么办？"奥德丽急切地说。她在集市广场的一角来回踱步，眼睛死死地盯着手里的银色怀表，全然不见小路上的鹅卵石和广场两侧的商店，也感觉不到黎明前的丝丝寒意。

"我和奥科利船长说好5点10分在码头会面。"她接着说。

"奥德丽。"巴克斯特说。

"现在离5点只差18分钟了，我们连码头在哪个方向都搞不清楚！"她踱着步子说。在小路的另一头，一只落魄的小狗坐在鹅卵石路面上呜咽着。她突然停下来转过身。

"奥德丽。"

"如果我们不能很快找到码头，该怎么办？奥科利船长会不会骂我们？"

"奥德丽。"一声更轻柔的感叹从卡斯皮安那里传来。

"这是什么？"她从银色怀表上抬起头来。

卡斯皮安走上前将双手搭在她的肩上，轻轻地转动她的双肩，推着她向市政厅方向走去。

一个巨大的时钟坐落在白色石头上，矗立在去市政厅的路上。巨型时钟令人想起奥德丽的怀表，正如水晶吊灯让人想起烛火一样。奥德丽看不清时钟的指针，隔着迷雾透过泪水凝视着它们，但她能察觉到时钟指针的不规则运动，指针仿佛在轻微地抖动。在大部分时间，秒针绕着钟面稳定地转圈，只是有时快一点有时慢一点，有时向后跳跃一下。

奥德丽默默地凝视着它，沉默了片刻。

"也许，"她喃喃自语，目光锁定在钟面上，"一定有人知道码头在哪里，会给我们指路。也许再等几分钟这个人就会出现。"

根据热力学第二定律，时间只会向前走。茶壶摔碎了不能复原，壁炉里的灰烬不会重新点燃，开弓没有回头箭，实在抱歉。时钟用于测量时间，属于热力学范畴，也可以说它有量子蒸汽朋克精神。量子钟可以视为量子发动机，但量子钟值得单独写一章。

自主时钟自主运行，无须上发条，也不需要其他控制。如果你正在构建一台自主量子机器，就一定想要一个自主量子钟。例如，想象一架量子无人机独自航行在分子景观中，无人机需要监控自己的速度，并在指定时间暂停或卸载。这架无人机必须携带一个时钟，这个时钟不能与它退相干，并且在没有电源插座的情况下也能运行。再举一例，考虑一台量子计算机，在无人通过控制面板输入命令的情况下通过计算施加一个扰动，它需要一个自主量子钟告诉它何时使用下一个逻辑门。

自主量子钟不同于原子钟，原子钟在商店里可以买到。自主量子钟现在只存在于理论物理学家的想象中，还没有制造成功。我的祖父母买了一个普通的"原子"钟挂在厨房里。准确地说，这个计时器应称为"无线控制时钟"。每天这个时钟都会收到来自 NIST 的博尔德分院的无线电信号。无线电信号帮助这个时钟与 NIST 的高精度时钟保持同步。

NIST 拥有世界上最精确的量子钟,至少在我撰写本书时是这样的。这个时钟位于 NIST 在科罗拉多的博尔德分院,这是我所属的马里兰分院的兄弟单位。这个时钟包含一个铝离子,铝离子与激光相互作用。

铝离子起初占据低能级。科学家向铝离子发射激光,铝离子可能吸收一个光子。假设光子的能量不等于铝离子上下两个能级的能量之差,光子的能量太大或太小时都无法被铝离子吸收,因此铝离子可能不会发生跃迁。发射激光之后,科学家测量铝离子是否跃迁到上层能级。如果没有,科学家就会调整激光,改变光子的能量,再试一次。经过多次调整,铝离子几乎肯定会发生跃迁。现在激光发射的光子的能量非常接近铝离子不同能级的能量之差了。我们可以用量子理论计算这个差值,这样就可以精确地知道每个激光光子的能量了。

知道了激光的能量,我们就可以测量 1 秒钟的时间了。想象用激光照射墙壁(见图 8.1)。激光不仅具有光子(粒子)的特性,而且具有波的特性。波峰一个又一个地撞击墙壁,直到激光器关闭。我们可以根据激光的能量计算波峰之间的时间间隔。精确地知道了能量的值,就可以精确地推算波峰之间的时间间隔,那是 1 秒钟的几分之一。要测量 1 秒钟究竟有多长,你需要让好几个波峰撞到墙上。你可以用一个原子钟高精度地测量 1 秒钟的时间。有了这种精确的时间,可以做很多事,如全球定位系统(GPS)、金融活动的时间戳和电网管理。这就是为什么我那次访问博尔德分院超过一天还没有将模拟手表的时间切换到山地时间而感到尴尬。

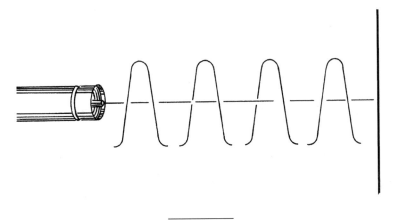

图 8.1

这些量子钟使我们能够精确地测量时间，但它们不是自主的，因为有一个人或一个外部控制机制负责测量原子并调整激光。什么样的系统可以用作自主量子钟？

沃尔夫冈·泡利在 20 世纪 20 年代思考过这个问题。泡利不相容原理解释了为什么双费米子西拉德发动机不能像经典发动机和玻色子发动机那样做那么多功（在某些假设下）。泡利是一位出生于奥地利的物理学家，他的兴趣从量子物理学延伸到心理学和哲学。他专注于研究简单而基本的概念，比如时间是什么。如果时间不是最基本的概念，那么时间到底是什么？

泡利提出了关于自主量子钟的理论（从现在开始，我将不再提"自主"这个词）。他写道，理想的量子钟自带可观测时间。"可观测量"是物理学中的一个术语，表示一个量子系统的某种可观测属性。

前面我们已经讨论了几个可观测量，比如能量、位置、动量和自旋角动量的分量，尽管我还未称它们为可观测量。理想的量子钟可以占据一个量子态，这个量子态有明确定义的可观测时间。

在这种状态下，由于量子不确定性，能量不会有一个明确定义的值。根据不确定性原理，如果一个电子有明确的位置，则它的动量处于所有可能动量的叠加态。电子的位置越确定，它的动量就越不确定。同样，能量和时间也有类似的取舍关系。如果量子系统有明确定义的时间，则其能量处于所有可能能量的叠加态。这种叠加态有一个重要性质：假设让一个系统处于这种叠加态，然后测量它的能量，则得到各种可能能量的概率是相等的。也就是说，有明确时间定义的量子系统处于一种这样的能量叠加态：能量均匀分布在所有可能的取值上。

这一事实揭示计时和功的提取之间有一种交易关系。假设有一个量子系统，你想从中提取功或用它来计时。如果你可以预测这个系统大致能做多少功，这个系统就能可靠地做功。如果你知道这个系统有多少能量，也就是说这个系统的能量定义是明确的，你就可以准确地预测这个系统能做多少功。因此，能量的定义明确有助于功的提取，而能量的定义不明确有助于计时。在量子热力学里，计时能力与做功能力之间有一种交易关系。

泡利证明了任何量子系统都不可能有可观测的时间。如果一个系统有这样的可观测量，那么它的能量就是无限负的。我们的世界不可能有无限负的能量，因此我们的世界无法容许时间为可观测量，也就是说我们的世界上不可能有理想的量子钟。

{ 永恒的计时器 }

关于量子钟就介绍这么多。量子钟可以逼近理想量子钟，正如真实的发动机可以逼近卡诺热机一样。我的同事详细地描述了这种逼近。一年春天，我在伦敦拜访了乔纳森·奥本海姆和米沙·伍兹。乔纳森是伦敦大学学院的一名物理学和天文学教授。米沙处于位置的叠加态，他在伦敦和荷兰两个地方做博士后研究。有一段时间，我整天和他们一起工作，晚上步行到大英博物馆。我喜欢研究古代近东和古埃及。大英博物馆中有大量文物，我打算在周末仔细研究一下。我觉得研究千年古文化与学习关于时间的最新科学非常贴切！

米沙、乔纳森和他们的合作者拉尔夫·席尔瓦设计了一个接近理想状态的量子钟，它处于能量均匀分布的叠加态。我的同事设想了另一种能量叠加态——能量不是最大不确定而只是高度不确定的量子态。

假设你想知道现在的时间，可通过控制一个量子机器人测量量子钟。机器人与量子钟相互作用，而相互作用会干扰量子钟，改变它的量子态。如果这个量子钟是理想的，这种干扰就不会影响计时。但我们的量子钟不完美，不完美的量子钟会退化，有的时候我们不能区分某个瞬间，感觉像是隔着玻璃凝视古老的落地钟，玻璃越来越模糊，6:00 与 5:59 和 6:01 模糊成一片而分不清，然后与 5:58 和 6:02 模糊成一片而分不清。在本章开头，奥德丽在集市广场上观看量子钟时注意到了这种模糊性。干扰还阻碍时钟在规定的时间启动一个过程，例如启动一个用于计算的逻辑门。

米沙、拉尔夫和乔纳森的时钟能承受多大扰动？英国人可能会轻描淡写地说，还凑合，不算太糟糕。想象一下，让时钟变大，给它添加更多的粒子，但添加的粒子数量不要太多，以免时钟失去量子特性。时钟越大，其抗干扰能力越强。给它添加一点点粒子，你就能得到很多好处。随着时钟越来越大，它的抗干扰能力呈指数规律提升。

大英博物馆的文物也有抗干扰性。我对大英博物馆中收藏的亚述古城文物拉玛苏情有独钟。那是一尊 3 米高的带翅膀的牛身人面雕像，守卫着宫殿入口。时间流逝使拉玛苏退化，但只退化了一点点。仔细观察的话，仍可分辨出它的翅膀上的羽毛和一缕缕胡须。这种人造雕像在文学上常被描写成"经受住了时间的考验"，"躲避了时间的流逝"，或者"抵抗了时间的流逝"。这样的文字对我没有吸引力，尽管拉玛苏的悠久历史对我有吸引力。我更愿意将它的幸存看作不是与时间对抗的结果，而是它以某种方式与时间保持和谐。从这个角度来看，拉玛苏雕像与热力学第二定律和时钟仅仅相隔几步之遥。

古埃及人一有钱和时间就雕刻花岗岩。古地亚（古代城邦拉格什的国王）把自己雕刻在闪长岩里，以使自己不朽。而米沙、乔纳森和我只有创意，却没有实质性的东西。如果玩想象，不是玩"石头－剪刀－布"游戏，而是玩"花岗岩－闪长岩－创意"游戏，那么"创意"怎么可能赢呢？

不，也许创意有可能赢。因为没有物化的想法可以表现为很多种形式。柏拉图的洞穴寓言已有很多种表现形式：一个故事，一次课堂讲授，几页手稿，一个文字处理器，一个网页，一部小说，电影《黑客帝国》，还有我在高三时收到的一张大学招生广告。柏拉图的洞穴寓言只是一个想法，这个想法自公元前4世纪一直存在到现在。用石膏雕刻的猎狮浮雕仅存在了两三百年。

猎狮浮雕和拉玛苏雕像散发着一种宏伟、不朽的精神。我相信时间的本质和理想的时钟同样具有这种精神。一个星期六，我离开大英博物馆的亚述展区，登上了前往牛津的火车。量子热力学会议将于下星期一在牛津举行，我只得离开了大英博物馆。

{ 切换齿轮 }

一个偶然的机会，我发现自然界中似乎早已存在一种量子钟。这个发现归功于加州大学伯克利分校的化学家戴维·利默。戴维说话时带点美国西南部口音，掩盖不住年轻科学家致力于改变自己所研究领域的充沛精力。对我来说，他像一个学长。他研究了一种分子，那是一种在自然界中发现的分子，如图8.2所示。

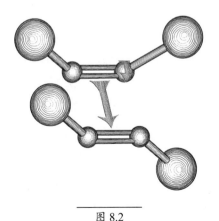

图 8.2

如图 8.2 中的小球所示，这种分子含有两个原子核团簇，小棒代表化学键或原子核团簇共享的电子。通常我们发现的这种分子为"关闭"构型，如图 8.2 的上方所示。如果你将光照射到这种分子上，其中一个团簇可能会绕着另一个旋转，变成"打开"构型，如图 8.2 的下方所示。由于这种结构能够在两种构型之间切换，因而被称为"分子开关"。

这种分子开关存在于我们的视网膜里。当光线进入我们的眼睛里时，分子开关可以吸收一个光子，改变构型。分子"撞击"一种蛋白质，好像我们一觉睡醒伸着懒腰打开床头灯一样。这种"撞击"会引起一系列化学反应，最终形成视觉影像。因此，这种分子开关很重要。

戴维想用量子热力学做一个这种开关的模型，我将在第 11 章中解释其原因。我俩合作，他写下他对这种分子的了解，我写下量子热力学的数学公式，我们将二者糅合在一起。我意识到描述戴维的分子模型的数学公式包含描述量子钟的数学知识。

我们可以把分子开关想象成一个内含量子钟的自主机器，量子钟的指针由旋转着的原子核团簇构成。正如时钟指针沿着钟面向下旋转一样，原子核团簇也可以向下旋转。若分子为图 8.2 上方的那个构型，则相当于指针指向 2 点；若分子为下方的那个构型，则相当于指针指向 4 点。

这个量子钟不是用来报告时间的，而是告诉机器的其余部分在每一个时刻应该如何表现。在分子开关的情形下，机器的其余部分由许多电子组成。原子核的重量占分子重量的大部分，电子几乎没有重量。电子在原子核团簇形成的特定景观中飞来飞去。这种景观用于确定电子的行为方式。因此，电子形成了由原子核内置的量子钟控制的机器的其余部分。我们在前面设想了一种量子钟，它可以决定量子计算机何时操作某个逻辑门。你可以用"电子"替换"量子计算机"，用"在特定景观中飞来飞去"替换"操作某个逻辑门"。因此，量子钟决定了电子何时在特定景观中来回穿梭。

一个运行良好的时钟的指针有明确的位置，每个时刻报告一次时间，而且指针也有明确的动量，匀速绕表盘转动。量子系统不能同时有明确的位置和明确的动量，那么量子系统怎能充当时钟指针呢？

在与米沙·伍兹和乔纳森·奥本海姆的一次谈话之后，我访问了一位伦敦人戴维·詹宁斯，从他那里得到了一个答案。戴维是一位量子热力学家，当时在帝国理工学院工作。戴维提醒我，随着量子系统变大，它越来越接近经典系统。想象起初你只有一个量子粒子，然后向它添加其他粒子，也就是加大粒子的质量。多次重复这个过程，系统最终将满足经典物理学的描述。一个经典系统可以有明确的位置和明确的动量。

所以，一个量子钟的指针应该由许多量子粒子组成，或者说由巨大的量子粒子团组成。它们占据量子粒子和经典时钟指针之间的某个中间地带。在这样的中间地带，量子钟的指针可以占据一个量子态。在这个量子态中，它有一个"相当"明确的位置（当然不是完全明确的位置）和一个"相当"明确的动量。假设有一个处于这种量子态的量子钟，我们测量指针的动量，然后用结果除以指针的大小。做许多实验重复这个过程，大多数结果将非常集中在某一个值上，因此指针有相当明确的动量。指针的位置特征也可以如此描述。

戴维·詹宁斯的洞察力解释了戴维·利默的分子如何充当量子钟：指针表现为一个原子核团簇。该团簇的质量相对于（例如）电子来说很大，因此该团簇可以相当稳定地旋转并相当准确地报时。

戴维·利默研究这些分子开关的部分原因是实验者可以比较容易地制造和控制它们。例如，实验者可以用激光移动原子核团簇，相当于给时钟上发条。我所知道的所有其他量子钟都只存在于我们的想象里，但这些量子钟一直在蓬勃发展。米沙、乔纳森、拉尔夫、戴维·詹宁斯和许多其他理论物理学家已经证明了一系列相关的数学结果。分子开关能否为量子钟从理论到实验架起一道桥梁？时间会告诉我们，不管时间是用量子钟测量的还是用经典时钟测量的。

第9章

摇摇摆摆

涨落关系

风大浪急，船身剧烈晃动。奥德丽紧紧地抓住栏杆，闭紧眼睛，努力让自己不去想早餐吃了几勺果酱。咸咸的海浪一次又一次扑上来舔着她的脸和衣服，仿佛决心与她牵手做朋友。通常奥德丽喜欢这种友谊，但这次她决定拒绝。母亲总是说牢固的友谊需要分享食物，但奥德丽不愿意与海浪分享果酱。

"小姐，你还好吗？"大副问。他的脸晒得黝黑，皱得像一个老桃子。

奥德丽睁一下眼睛，很快又闭上，咽了口唾沫。她喜欢大副，通常也喜欢桃子，但现在一想到桃子就反胃。

"奥科利船长说，如果你感觉不舒服，就去拿点儿你喜欢吃的。船长请你进舱去。大海对我们来说并不是那么凶，我们了解它的脾气，但像你这样娇弱的小姐可不一样。"

奥德丽用鼻子深深地吸了口气，勉强说声"谢谢"。船体又倾斜了。

"海浪……总是这么大吗？"奥德丽问，然后不由自主地闭上嘴不再说话了。

大副抬起头，凝视着越来越近的青山。"这里是涨落湾水域……"他说，"是啊，小姐，涨落湾嘛，总是这样。"

亚瑟·爱丁顿爵士说过，热力学第二定律是物理学的女王，统辖所有物理学理论。后来有没有人改进过它？有的，我们知道在过去的30多年里是有的。

涨落关系是在非平衡统计力学里发现的一组等式，涵盖DNA链、分子发动机和宇宙的婴儿期。涨落关系在很多方面超越了热力学第二定律。首先，想象一个失去平衡的热力学系统，比如我们最喜欢的一个例子——箱子里的经典气体，所有粒子聚集在箱子的一个角落里。热力学第二定律规定气体的熵必须增加或保持不变。这条规定编码了一个不等式：稍后的熵必须大于或等于初始的熵。不等式并不会告诉你熵会增加多少，等式才会。因此，等式能提供更多的信息，而涨落关系是等式。

清醒的读者对此表示不同意，他们会说："当系统达到平衡，也就是气体均匀散布在箱子里时，热力学第二定律就变成了等式，熵也就达到了最大值，不能再减少，所以系统的熵将永远保持不变。"这些读者观察敏锐，值得称赞。即使系统远离平衡态，涨落关系也是等式。此外，涨落关系使我们能比热力学第二定律更好地预测单次实验的结果，后面将讲到这一点。

让我们用蒸汽朋克的语言重新表述一下涨落关系的优点。英国国家档案馆保存了维多利亚时代的大量广告，我们从中抽取一些广告词，将其改写成"涨落关系"广告词。结果可能如图9.1所示：

本年度最佳创意
请试用涨落关系
保证满足你的所有热力学需求
永远的等式，即使远离平衡态
即使热力学第二定律也不可能为你的实验提供
更精确的预测
关于你的实验精度
世界各地的
热力学家
倾情推荐
快来试用一下吧！不论是经典
的还是量子的，保证给你带来
方便和愉悦！

图 9.1

我们将从经典涨落关系开始介绍，最著名的两个实验可以通过一个因快速拉开而失去平衡的 DNA 分子来理解。这样的实验表明，经典涨落关系不只存在于理论物理学家的想象中。正如我们已经看见的，理论物理学家的想象促生了量子热和功的许多定义。热和功在涨落关系中起重要作用，因此已经出现了表述量子涨落关系的许多形式化方法，不同的方法针对不同的语境，有些经受住了实验测试。无论是量子涨落关系还是经典涨落关系，都证明实验在量子蒸汽朋克中的作用越来越大。

{ 涨落关系存在于我们的 DNA 中 }

让我们看看自然界中的涨落关系。图 9.2 中显示了 DNA 分子的一个片段，它是由互补的核苷酸构成的双链结构，更多的核苷酸构成一个环，将一条链的顶部与另一条链的顶部连接起来。这种结构看起来像一个发卡，特别是你将两条链从底部拉开时就更像了。

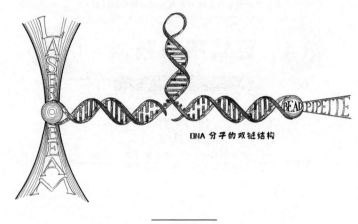

DNA 分子的双链结构

图 9.2

DNA 分子的热力学行为遵循经典物理学定律，不需要用量子力学来描述。尽管如此，DNA 分子的故事值得在这里讲一讲，原因有三。首先，我们可以在想象中描绘出 DNA 分子的发卡结构。其次，这个故事使涨落关系具体化，将数学抽象转化为生动的现实。最后，实验物理学家已经实现了我将要描述的实验。

将 DNA 分子浸泡在水中，水温为室温。开始时 DNA 分子与水处于热平衡态，具有一定量的自由能 F_i。下标 i 代表"初始"，F_i 是无中生有地创造 DNA 分子时需要投入的能量，我们可以认为这些能量用于从虚空中变出构成 DNA 分子的那些原子，并将这些原子加热到室温。你可以想象一个魔术：把兔子从帽子里拿出来。F_i 也是 DNA 分子的发卡结构湮灭时可以释放的能量。

我们有 4 个工具可以用来抓住和操纵 DNA 分子的双链，其中一个是固定在每条链的自由端的手柄。手柄由另外的 DNA 分子组成。每个手柄的末端连着一颗珠子，这是第二个工具。珠子的直径约为 1 微米，相当于细菌的尺度。第三个工具是一根吸管，能吸住珠子，将珠子稳稳地固定在一端。第四个工具是激光，用于抓取并移动另一颗珠子。激光的作用就像镊子。利用激光镊子，可以使第二颗珠子移动一段预定的距离，从而打开 DNA 分子的双链结构。

拉开 DNA 分子的双链结构需要消耗一些功，每次实验消耗的功略有不同。比如，在某次实验中，一个水分子会在某个地方朝某个方向撞击一下 DNA 分子的双链结构；在另一次实验中，一个水分子会在另一个地方朝另一个方向撞击一下 DNA 分子的双链结构。因此，给定实验需要消耗的功是随机的。假设做了多次实验，每次将 DNA 分子的双链拉开相同的距离，我们可以衡量每次实验所需消耗的功。对于一定量的功，实验次数越多，下次需要消耗这么多功的概率就越大。因此，我们根据测量结果可以推断下一次实验消耗给定功的概率。

在一个特殊情况下，概率遵循简单模式：实验结束时，DNA 分子的双链结构被打开，吸管和激光固定住 DNA 分子的两端，使其保持稳定。如果我们让 DNA 分子的两端永远固定在那里，DNA 分子就会与水达到热平衡，其温度与水的温度相同。DNA 分子最终有一定量的自由能 F_f，下标 "f" 代表 "最终"。F_f 是我们拉开 DNA 分子的双链结构并将其加热到室温必须投入的能量。想象一下，先湮灭一个松弛的 DNA 分子，然后将一个紧绷的 DNA 分子拉开。湮灭给了我们一定的能量 F_i，我们可以将这部分能量投入无中生有的创造中，创造出紧绷的 DNA 分子。由于创造紧绷的 DNA 分子需要消耗大量能量（F_f），因此在整个过程中，湮灭和创造需要消耗一定的能量（$F_f - F_i$）。我们称这部分能量为"玻尔兹曼能差"[1]，以纪念早期的热力学家路德维希·玻尔兹曼。

玻尔兹曼能差与我们的 DNA 实验有什么关联？想象一下，无限缓慢地打开 DNA 分子的双链结构，使其始终保持热力学平衡态。DNA 分子不会搅动水，所以我们不会浪费能量。实验中的随机性会消失。在每次实验中，我们必须消耗等量的功，这个量就是玻尔兹曼能差。

化学家、生物学家和药理学家都想知道玻尔兹曼能差到底是多少。它控制着蛋白质的形状如何改变，分子如何结合，药物如何穿过细胞膜扩散，等等。但是，测量玻尔兹曼能差很棘手。如果你在一次实验中无限缓慢地拉开 DNA 分子的双链结构并测量所需消耗的功，就可以得到玻尔兹曼能差，但是无限缓慢地操作意味着永远不可能结束。我想起了广告词"请试用涨落关系，保证满足你的所有热力学需求"，也许我们可以向涨落关系求助。

并不是所有的热力学需求都能用涨落关系来满足，我们不要太相信维多利亚时代的广告，但涨落关系的确有助于解决我们的问题。我们可以快速打开 DNA 分子，让它远离平衡态并推挤水分子。拉开 DNA 分子的双链结构所做的功是可测量的。我们可以多次反复做这种实验，根据测量结果推测下一次实验中做给定量的功的概率，将这些概率代入涨落关系方程，从而得到玻尔兹曼能差的估计值。

1997 年，克里斯托弗·贾辛斯基将这种策略公式化，构造出相

---

[1] 科学家将"玻尔兹曼能差"称为"自由能差"，但我觉得这个名字不好。——作者

应的涨落关系。他现在是马里兰大学的一名化学教授。除了他自己，大家称这个方程为贾辛斯基恒等式。克里斯托弗很谦虚，他称这个方程为"非平衡态涨落关系"。

克里斯托弗的方程提供了一种测量玻尔兹曼能差的新办法，但这种方法并不能解决所有困难。例如，他的方法要求我们做许多次实验。幸运的是我们可以用信息论缓解这一挑战，第10章将讲到这一点。

贾辛斯基恒等式不仅可以帮助我们估计玻尔兹曼能差（就是说它有技术应用），而且正如维多利亚时代的广告所说的：

可是，等等，还有更多！

涨落关系还为基础物理学的发展照亮了道路。

想象多次反复做拉开DNA分子的双链结构的实验，以你最喜欢的速度进行操作。平均而言，我们消耗的功至少等于玻尔兹曼能差。我们可以从热力学第二定律推导出这个结果，也可以从贾辛斯基恒等式独立推导出这个结果。所以，如果我们只关心平均值的话，涨落关系有时就可以取代热力学第二定律。

如果我们关心某次实验，涨落关系就能揭示热力学第二定律提供不了的更多信息。想象在一次实验中以你最喜欢的速度拉开DNA分子的双链结构。你也许几乎不用消耗多少功，所消耗的功比预期值（即玻尔兹曼能差）少得多，只是这个概率很小。贾辛斯基恒等式明确地告诉我们这个概率有多小。因此，涨落关系能够告诉我们有关单次实验的信息，而热力学第二定律不能。这就是为什么维多利亚时代的广告词说即使热力学第二定律也不能为你的实验提供这么精确的预测。

{ 逆运行这个实验 }

贾辛斯基恒等式是一种涨落关系，它是一类方程中的一个。有些方程以实验过程产生的熵为核心，而不是以所做的功为核心。另一个基于功的方程的提出归功于加韦恩·克鲁克斯。加韦恩是在英国出生而住在美国的一位物理学家。他的涨落关系被称为克鲁克斯定理（Crooks' theorem），但科学家常常把撇号放错地方，太糟糕了①。加韦恩带着英国式的苦涩忍受屈辱。我与合作者共同发表了一篇关于克鲁克斯定理的论文，他给了一个评论："我在网络上看到你们的一篇论文，非常有意思。我要特别赞赏你们把撇号放在了正确的地方。"这是我看到的他发给我的第一条信息。

加韦恩将贾辛斯基实验与它的逆向实验进行了比较。逆向实验从一个已打开的 DNA 分子的双链结构开始，这时的双链在吸管和激光镊子之间展开，与水达到热平衡，有一定的自由能。拉开的双链类似于拉开的弹簧，它对固定它的激光镊子施加一个力。实验者松开双链后，双链就会合上。双链将激光镊子拖向吸管，对镊子做功。我们可以将双链提取的功收集起来，用于做另一个实验。

我们能收集多少功？每次实验不一样。我们也许期望逆向实验收集的功与正向实验消耗的功一样多。如果以无限缓慢的速度拉开 DNA 分子的双链结构，每次逆向实验将提供相当于玻尔兹曼能差的功。但黎明的到来需要永恒的时间，我们等不了那么久，需要发表实验论文。所以，让我们专注于合理的速度。我们从逆向实验中收

---

① "crook"在英文里是"骗子"的意思，"Crooks' theorem"不能写成"Crook's theorem"。——译者

集的功往往比正向实验消耗的功少。所以，如果我们拉开 DNA 分子的双链结构后让它收缩，通常会损失一些功，有一个差额。这个净损失符合热力学第二定律，被概括为一句箴言："你不可能达到收支平衡。"你的付出总是大于收获。

加韦恩走得比这句箴言和热力学第二定律描述的情形更远。对于给定量的功，他详细指出我们解开 DNA 分子的双链结构时损失功的概率比逆向实验时收集功的概率大多少。让我们下越来越大的赌注，比较这两个概率。随着功的增加，我们损失功的概率比收集功的概率要大得多，这个概率呈指数式增长。我们损失大量功的可能性远远大于收集大量功的可能性。大多数人会说"这就是狗的生活"，而热力学家可以说"这就是克鲁克斯定理的生活"。

加韦恩的涨落关系不仅预示了厄运和悲观，它还提供了另一种估计玻尔兹曼能差的方法，这是化学家、药理学家和生物学家梦寐以求的事情。考虑以某种合适的速度解开 DNA 分子的双链结构，多次做这种实验。根据我们的测量，可以估计在下一次实验中需要消耗给定量的功的概率。然后，我们多次做逆向实验，其中一次解开 DNA 分子的双链结构的概率将等于一次重新恢复 DNA 分子的双链结构的概率。根据克鲁克斯定理，当功的大小等于玻尔兹曼能差时，这两个概率将刚好相等。在克鲁克斯定理的帮助下，我们有一种新方法来估计玻尔兹曼能差，而这种方法可以通过实验实现。正如贾辛斯基恒等式一样，克鲁克斯定理具有可操作性和基本的洞察力。

我们为涨落关系编辑一下维多利亚时代的广告词，将它变成克鲁克斯定理的广告词。广告词可以这样写：

可是，等等，还有更多！

从克鲁克斯定理出发，我们还可以推导出贾辛斯基恒等式，就像从爱因斯坦的广义相对论方程出发可以推导出行星的运行轨迹一样。因此，加韦恩的涨落关系在逻辑上先于克里斯托弗的涨落关系，尽管后者在时间上早于前者。用物理学术语来说，克鲁克斯定理比贾辛斯基恒等式更强。

任何描述涨落关系的方程都值得我们大声喝彩。热力学家起初关注的是平衡态，平衡态容易描述，因为它的大尺度特性不会改变。平衡态规律就像伦敦浓密的烟雾，我们一眼就能看出来。后来，热力学家将目光投向了稍微偏离平衡态的系统，例如让一块弱磁体靠近少量铁屑形成一个热力学系统。轻轻推动磁体，改变铁屑的构型。我们可以利用接近平衡态的热力学预测铁屑的变化有多快。

如果是强磁体，该怎么办？强磁体会使铁屑受到强烈吸引，让它们远离平衡态，它们的行为无法预测。远离平衡态的热力学就像美国的狂野西部：人们在那里很容易迷失，到处都是难以管束的枪手，几乎没有法律制约他们。那是一大片荒野，几乎没有什么方程能够描述清楚。

涨落关系支配着许多远离平衡态的系统，比如 DNA 分子的双链结构服从涨落关系，RNA 分子也服从涨落关系。RNA 分子类似于 DNA 分子，但它仅由一条链组成。如果任其自由发展，RNA 分子会将自己折叠起来。你可以用激光镊子展开它。其他单个分子也遵循涨落关系，细菌大小的珠子和微型单摆同样也是如此。除了测试理论物理学，这些实验还对科学的其他领域和医学产生了影响。例如，了解蛋白质的张力可以帮助我们解释某些遗传病的机理。

我们刚刚介绍过的实验用经典力学就可以描述，但如果我们将单个粒子放大来看，它就可以接近量子物理学。一个量子点是半导体表面的一小块空间，有时被称为"人造原子"。一个电子被电场局限在这一小块空间内，类似于原子里的电子被局限在原子核附近。为什么我们更喜欢人造原子而不是天然原子？因为人造原子有优势，比如我们可以制造它们，可以对它们的量子点特性做些调整。

想象两个人造原子并排放置。每个量子点包含可以在两个点之间跳来跳去的电子，我们可以用电力推动这些粒子，从而施加影响。电子携带负电荷，因此正电荷（例如质子）吸引电子，其他负电荷排斥电子。让两个量子点的右端聚积正电荷，左端聚积负电荷（见图 9.3）。负电荷向右推电子，正电荷向右拉电子。（在真实的实验里，实验物理学家并不是以这种方式存储电荷的，我在这里只是为了简化叙事，但真实的设置以同样的方式推动电子。）

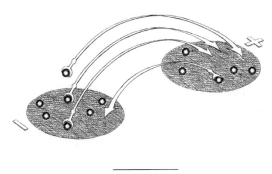

图 9.3

电子不仅受这些电荷的影响，还从浴中吸收热，因此它们的摇摆是随机的。电子并不总是向右跳——朝正电荷跳。它们有时向左跳，跳跃模式是随机的，每次实验都不一样，因为热是随机能量。

在实验结束时，我们可以使用特定的仪表测量右边的那个量子点比左边的多了多少个电子。左右不平衡意味着有多少个电子向右跳跃。向右拉和推每个电子都耗费正电荷和负电荷所做的功。因此，我们可以衡量正、负电荷做了多少功。这两个量满足涨落关系。这个实验的更精细的版本出现在芬兰，我认为芬兰是研究热力学的理想场所，在那里体验寒冷和享受温暖（热量）太理想了。

量子点实验以电子为核心，似乎是量子的。芬兰的研究小组也检测到了单个电子的跳跃。然而经典物理学就可以描述这些实验：电子没有发生纠缠，也不处于其他相关的叠加态。如果将电子想象成微型金橘而不理会它们的波动性，似乎更有效。这样很好，因为量子蒸汽朋克除了关心量子系统之外，还关心传统热力学忽略的微型经典系统。但涨落关系应该延伸到量子物理学，怎么做呢？

{ 回到动物园 }

维多利亚时代的广告招呼我们试用涨落关系："快来试用一下吧！不论是经典的还是量子的，保证给你带来方便和愉悦！"但是，开发量子涨落关系可不像广告所说的那么方便。要理解为什么，请回想一下经典的涨落关系控制着一个 DNA 分子的双链结构。这个结构一边被一个力拉动，一边与一个浴相互作用。力传递功，浴传递热。正如这种结构一样，量子系统也可以同时交换热和功。但量子热和功的概念多种多样，第 6 章描述过量子热和功定义的动物园里居住着许多动物。不同的概念导致不同的量子涨落关系。

有些涨落关系容易用实验测试，有些是抽象的和数学的。有些涨落关系仅当系统缓慢地与浴进行热交换时才满足，而有些涨落关系仅当系统与浴快速进行大量的热交换时才满足。有些涨落关系描述一小类系统，有些描述一大类系统。有些关系描述高能粒子，比如 CERN[1] 所开展的实验里被撞碎的那些粒子。还有一个涨落关系描述宇宙的膨胀。我提出了一种涨落关系，用于描述混沌现象。我将把这个故事留在第 14 章中进行介绍。

尽管量子涨落关系的表现形式多种多样，但它们有共同点。你可能注意到了同一家族的成员长得相似。例如，你有一位大学室友，你和她住在一起相当长时间了。一次，你遇到一群陌生人，他们长着与她同样的黑头发、白皮肤以及整齐洁白的牙齿，操着加拿大口音。你会说："他们一定是我的那位室友的家人。"涨落关系家族也是这样，所有成员都是方程，大多数这类方程将一些快速远离平衡态的过程与平衡态的特性关联了起来。有了这类方程，我们可以从一堆可测量的数中推导出一个有用的数。这类方程往往涉及做一定量的功或产生一定量的熵的概率。根据这些特征，我们可以识别某个方程描述的是不是涨落关系。

关于如何定义热和功，量子热力学家会不会最终取得一致意见？我希望不会。你可以称我为热力学多元论者，但我看到了多种方法的优点。哪些定义和方程有用取决于你的系统是什么样子，你如何与它交互，以及如何测量它。

各种各样的涨落关系方程与其他许多学科的研究成果高度统一、恰成对照。假如你推着送餐车从波斯地毯上走过，牛顿第二运动定律可以帮你确定需要用多大的力将手推车加速到一定的速度。不是

---

① CERN是指欧洲核子研究中心。——译者

牛顿第二定律的 1.1 版本仅适用于波斯地毯，而摩洛哥地毯则要用 2.1 版本。不论是波斯地毯还是摩洛哥地毯，只需要一个牛顿第二定律就够了。但是，量子涨落关系不是这样。或许像牛顿第二定律一样，迟早有一天这么多量子涨落关系最终将统一为一个，揭示出它们是多维硬币的不同侧面。也许鉴于量子热力学的多样性，量子热力学可能比经典热力学更丰富。

继理论物理学家之后，实验物理学家也陷入量子涨落关系的泥沼。安硕明和合作者测试了一种涨落关系——基于量子热和功的约可牧羊犬定义的关系。他们将热交换的时间与功交换的时间分开，每次在热和功交换之前与之后测量系统的能量。

他们的实验用一个离子代替 DNA 分子的双链结构。这些量子实验者与经典实验者一样，也使用激光。激光俘获离子，好像一口井俘获从树上掉下的苹果。俘获离子涉及将其冷却到低温，这样离子就不会抖动得太剧烈。但是，激光和其他设备就像用普通线圈制造的设备一样存在缺陷。能量驱动电子在电路里流动时，这类设备就运行。一小部分能量从电路中逃逸，以热量的形式消散。实验者需要等一会儿，等热量给离子加热——相当于热浴。

根据量子热和功的约可牧羊犬定义，实验者测量离子的能量。他们移动激光束，用激光捕获离子，驱使离子快速移动，力对离子做功。让离子跑完一程之后，实验者再次测量离子的能量。用离子的最终能量减去其初始能量，就得到了激光对离子所做的功。

实验者不仅使用激光和离子检查量子涨落关系，还利用给人脑成像的 MRI。MRI 实验也涉及量子热和功的约可牧羊犬定义，但这个定义并没有主导所有热和功定义的访问者，一个实验室通过弱测量超导量子比特检查了涨落关系，从而为蜂鸟定义提供了花蜜。有一个实验也利用超导量子比特，另一个实验利用原子，还有一个实验利用钻石里的缺陷。

涨落关系，无论是量子的还是经典的，都经受了大量实验的检验。这是一种财富，它见证了物理学理论与实验相结合的伙伴关系，也体现了量子蒸汽朋克实验的兴起。几十年来，量子热力学吸引的主要是理论物理学家。近年来，实验物理学家学会了操纵各种量子系统，以实现量子计算等其他技术。为开创新技术而做的实验现在正为科学提供新信息，例如涨落关系。

涨落关系不仅将理论物理学家与实验物理学家联系了起来，其本身也连接到量子蒸汽朋克地图的另一个领域。要到那里，我们需要穿上大衣，从船上下来，去看看地平线。

第 10 章

熵、能量和微小的可能性

一次性热力学

❝ 看见那辆旅游大巴了吧？这是你们在雨季之前到达辛格登的唯一机会。"奥科利船长指着日出的方向说。

3 名旅行者用手遮着阳光向远处张望，一辆车正在……驶过来？奥德丽努力想寻找一个合适的动词描绘这台机器的动作，而不是说它"驶过来"。这辆大巴顶着一个绿色圆顶，有 4 条像螳螂腿一样细长、有关节的腿，悄悄地向加油站屋顶簇拥在一起的影子疾驶而来。

"这辆旅游大巴将直接停在我们下面，"奥科利船长继续说，眼睛紧紧盯着这辆车，"加满一油箱需要 19 分钟，在此期间你们有机会跳到车上，需要跳 1 米那么高。"他指着下方接着说："车上有一张带软垫的长凳，长凳上有 15 条皮带，那是你们的安全带。你们必须将安全带系在腰上、腿上和手臂上，在到达辛格登之前不要解开。"

奥科利船长这才将目光转向 3 位旅行者。奥德丽和巴克斯特在他的严厉注视下胆战心惊，就连卡斯皮安也眨了两下眼睛。

"记住，"奥科利船长接着说，"不要解开安全带，否则你们会死得很痛苦。到了辛格登，我的姐姐会带领你们穿过一个秘密出口，连船员都不知道它。"

奥德丽、巴克斯特和卡斯皮安将目光转回到迎面驶来的旅游大巴上，这辆大巴就像一个没人愿意去冒险的游乐场。

"痛苦地死去？"巴克斯特说。

"最不舒服的那种死？"奥德丽附和道。

"你怎么知道得这么详细？"卡斯皮安问奥科利船长。

船长转身朝着旅游大巴看了一会儿，脸上露出一丝笑容，仿佛在看小猫玩丝带，而不是古怪复杂、像巨型螳螂的装置。

"发明这辆皮克林大巴的正是我的姐姐和我。"奥科利船长说。

"原来是这样。"巴克斯特说。

"这个理由太充分了。"奥德丽补充道。

传统热力学有一个不便公开的秘密，前面我没提到过，那就是它最擅长描述无限大系统。我们一直在讨论的箱子里的多粒子气体系统应该被理解为含有无限多个粒子、填充无限大体积的气体。

当气体的体积无限大时，许多可测量的性质将非常接近平均水平。为什么？想象你是专业板球比赛报道记者。对于每支球队，你跟踪球员的平均得分，这个值可以简记为球队的"值"。你可以对所有球队算一下平均值。现在想象每支球队变得很大，有无限多名球员。那么，不同球队的"值"将相差无几。球员太多，以至于几乎抹平了球队之间的差异[1]。类似地，对于箱子里的气体，我们可以测量单个粒子的平均能量，称这个值为这种气体的"值"。我们准备许多这样的箱子，测量箱子内的气体的"值"，并求各个箱子内的气体

---

[1] 这里我假设了理想状态：所有球队完全平等，获得相同水平的资金支持，所有球员具有相同的素质，等等。——作者

的值的平均值。现在假设每种气体的体积无限增大，则几乎所有气体的"值"都会接近这个平均值。这种由传统热力学关注的平均值主导的无限粒子状态被称为"热力学极限"。

从厨房里的醋栗烤饼上散发出来的蒸汽在热力学极限之外。这种蒸汽只包含有限粒子，但也包含许多粒子（10^{24} 量级）。因此，传统热力学能够用来描述蒸汽，达到我们的大多数目的。

然而传统热力学仍可能使我们不满意，原因有三。首先，球队中不可能有无限多名球员，也不存在含有无限多个粒子的箱子。所以，用热力学极限描述我们这个世界在概念上是错误的。其次，我们往往更关心每个人，而不是平均水平。报纸记者为了吸引读者，往往为比赛中处于劣势的一方加油，或为超级明星的诞生喝彩。

下面介绍最后一个原因。说唱歌手埃米纳姆曾唱过一首歌《迷失自我》，其中两句歌词是"你只有一次机会，不要错过。这个机会一辈子只有一次，你要注意"。奥德丽、巴克斯特和卡斯皮安只有一次机会在雨季之前抵达辛格登完成任务。皮克林大巴大概率会停在他们这一站，加油需要 19 分钟，平均有 15 条皮带。但这辆大巴出发时也可能多带了一桶油，今天不在这里停下来加油，或因一次事故而断掉了 5 条皮带。让旅行者紧张的是能不能抓住这唯一的机会，而不是平均情形。

物理学家和化学家已经对热力学定律进行了扩展，使它们能应用于单次实验。在量子蒸汽朋克的研究中，不同的研究人员会采用不同的方法。有些研究人员专注于研究远远偏离平均水平的小概率事件，要么成就一件伟业，要么功亏一篑。我专注于研究一次性热力学缘于最近信息论研究方面的一个转变。为了理解这个转变，需要回到奥德丽和巴克斯特姐弟生活的伦敦。

在伦敦，巴克斯特本应该每晚都在秘密集团总部站岗，但有时他在站岗时睡着了。一个概率分布给出了任意一个晚上他是在站岗还是在睡觉的可能性。奥德丽在日志中记录了他的表现。我们假设她监视了他30年，得到了一个大约包含11000个字母的字符串。奥德丽可以压缩这个字符串，将它变成几千比特。原始字符串中的每个字母需要几比特？这个数字就是这个分布的香农熵，也是平均来说巴克斯特在做什么的不确定性。

现在我们可以看出这个故事逼近一个热力学类型的极限。我们假设奥德丽总共记下了11000个字母，11000远大于1。从一个烤饼中散发出来的蒸汽分子大约有10^{24}个，远比11000接近无穷大。但是11000次记录比一次记录多得多，因此比较接近热力学极限。因此，我们的问题（奥德丽最少可以将她的字符串压缩到多少比特）的答案涉及一个平均值。因为奥德丽的记录是经典的，这个平均值就是香农熵（平均惊异）。如果把这个问题变成量子的，用量子比特取代比特，则用冯·诺依曼熵取代香农熵。

我们的目标是超过平均水平，因此我们必须超过香农熵和冯·诺依曼熵。这种认知产生了一个运动——称为一次性信息论。一次性信息理论科学家会提出这样的问题："假设奥德丽记录了一个由3个字母组成的字符串，她想将这个字符串压缩成尽可能少的比特，那么她需要多少比特？"如果你回答"肝"（我的意思是"熵"），那么你是对的。但有关的熵不是我们曾经遇到过的那种，这种熵最近才得到定义。

许多熵是由阿尔弗雷德·雷尼在1961年定义的，或建立在雷尼定义的熵的基础上。我们所说的雷尼是匈牙利的一位数学家，他曾打趣说数学家是将咖啡变成定理的机器。他不仅有资格吹牛说自己超级聪明，而且可以吹牛说自己有超前几十年的远见。今天的一次性信息理论科学家想象出来的信息处理任务类似于数据压缩，并且确定执行这些任务可能达到的最佳效率。这些效率往往取决于熵，而熵总是倾向于即兴演奏雷尼熵。这正如科技巨头苹果公司的口号所说的："总有一款 App 适合它。"苹果公司已经为这个口号注册了商标。信息理论科学家也可以说："总有一个熵适合它。"

一次性信息理论科学家发明了熵，对熵的属性进行了分类（例如熵总是趋于增长，就像热力学熵一样），并梳理出熵与熵之间的关系。这些科学家让我想起了系统发育学家，他们不仅发现物种，还培育新的物种。我的朋友菲利普·法伊斯特描绘了一种熵的系统发生树。这棵树的分枝多得让人眼花缭乱，分枝将不同的"物种"彼此连接起来，不同类型的分枝表示不同的关系。我们中间的一些最勇敢的研究人员一直在寻找所有熵的共同祖先，正如演化生物学家寻找最古老的细胞一样。

我们称这些奇异的熵为"一次性熵"。一次性熵用于衡量执行单次信息处理任务时可能达到的最佳效率。这些任务包括数据压缩、纠缠的形成，以及系统所处量子态的判断等。在信息处理任务中，西拉德和兰道尔教导说，热力学任务是用简单的几步就能搞定的任务。因此，一次性熵用于测量执行热力学任务（例如提取功）的最佳效率。这些任务的研究内容统称为"一次性热力学"。

下面举例说明一个这种类型的任务，它是基于兰道尔擦除的。在第 5 章中，我们曾设想奥德丽希望擦除一个量子位，即将量子态重置为量子位"0"。奥德丽的量子比特与巴克斯特的量子比特共享纠缠。姐弟俩可以擦掉奥德丽的量子位，并从这对量子比特和热浴中提取功。姐弟俩通过"烧掉"纠缠收集功，而不是消耗功。

让我们调整目标，承认姐弟俩可以采取他们喜欢的任何策略。有些策略是确定性的，也就是说保证能够擦除量子位，而其他策略是概率性的，有一定的失败概率（p），即成功概率为 $1-p$。奥德丽可以选择她的风险承受能力。如果她承受不了一点失败，一失败就晕倒，就可以选择接近 0 的失败概率 p。如果她是那种疯狂的爱赌博和赛马的人，就可以选择接近 100% 的失败概率。

为什么为实现目标需要接受大失败概率？因为高风险会带来高回报。选择一个大失败概率时，奥德丽可能带着还没被擦除的量子位灰溜溜地隐退。但万一成功了，她可能中大奖：姐弟俩可能提取大量的功。一次性熵控制了风险和回报之间的交易，不仅在本例中是这样，而且在所有的一次性热力学任务中都是如此。

{ 回到涨落湾 }

我们已经看到一次性熵可以用于测量偏离平均水平的行为，并且可以描绘实验次数或粒子个数较少的情形。多粒子和平均值之间的密切关系解释了前一章描述的这种实验的一个特征：科学家已经测试了单个分子、单个离子的涨落关系，也测试了含有很少几个粒子的小系统。这种小系统使我们能检查维多利亚时代的广告中提到的那个额外预言："即使热力学第二定律也不可能为你的实验提供更精确的预测。"假设你想用多粒子系统测试涨落关系（比如压缩新鲜烤饼冒出的蒸汽），我们的绝大多数观测结果将是平均值，我们无法检测到额外证据做出更精确的预测。我们只能看到支持热力学第二定律的涨落关系：平均而言，压缩蒸汽所消耗的功至少等于玻尔兹曼能差。

因此，一次性热力学包含涨落关系的精髓——关注小数。一次性热力学和涨落关系类似于第 5 章提到的奥德丽的两个熟人莉莲小姐和拉贾先生，他俩必须见面。

这个结论是我在攻读博士学位初期与牛津大学的合作者得出的。我们决心将涨落关系引入一次性热力学，而且我们的确做到了。随着合作者更深入地挖掘这些领域的交叉领域，一系列文献随之而来。虽然我们的结果对经典系统和量子系统同样适用，但其他人研究得更多的是非经典物理学。

这些合作者和我都是理论物理学家，我们证明了数学表述，阐述了它们的物理意义。但我们关于莉莲小姐和拉贾先生在实验上取得成果的介绍要感谢克里斯托弗·贾辛斯基。在发表关于贾辛斯基恒等式的第一篇论文几个月之后，我有幸遇见了贾辛斯基。他来加州理工学院访问是为了出席物理学研讨会，每周一次的研讨会是我们系的重头戏。所有子领域的物理学家都来参加这次研讨会。据我所知，研讨会的主要演讲者的日程安排得非常紧凑，很少有时间跟大家会面。贾辛斯基设法抽出了几小时和我交谈。当我解释一次性热力学时，他讲述了一个困扰他多年的难题。

贾辛斯基恒等式使我们能够估计一个数值，这个数值对化学、药物研制和生物学很有用。这个数值就是玻尔兹曼能差（或自由能差），它是两个自由能之间的差。对于一个短时间的、远离平衡态的实验，我们反复做了多次，然后估计下一次操作时需要消耗一定量的功的概率，将这个概率输入计算机。计算机将概率与其他一些数值混在一起，再加上一点点代数运算，最后算出玻尔兹曼能差的一个估计值。

这种方法很有用，但有一个缺点：最小概率事件（即实验中可观察的最罕见的结果）对我们的估计的影响最大。为什么？假设你是 19 世纪中期的一名政府雇员，为英国议会工作。你的任务是估计某纺织厂工人的平均工资。一个星期一，你在厂区附近溜达，数一数孩子的数量，数一数做各类工作的男工的数量，再数一数各类女工的数量，然后你测算做每种工作的工人挣多少钱。假设你发现大多数工人是 30 多岁的男性，他们在厂区内搬运成捆的棉花。这个工厂中工人的平均工资可能最接近这些工人的平均工资，每星期 15 ~ 20 先令。

假设你是一名勤奋的政府雇员，星期二回到纺织厂再次清点工人的数量。同样，平均工资仍是每星期 15 ~ 20 先令。星期三仍是这样，没有变化。但星期四你在厂区内发现了这个工厂的老板，他拥有很多工厂，但大部分时间都待在办公室里处理文件。在珍妮纺纱机旁工作的任何工人都不可能有他挣的多。这位老板赚的钱是那么多，使得你估算的平均工资直线上升。假如你在星期四没有回到工厂里清点工人的数量，那么你对平均工资的估算将远远低于真实水平，原因是一个极小概率事件严重影响了平均工资的估计值。

同样，罕见事件也支配玻尔兹曼能差。在 DNA 实验中，罕见事件是怎样表现的？每次解开 DNA 分子的双链结构时只需要做很少的功。假设我们一次又一次地做解开 DNA 分子的双链结构的实验。通常 DNA 分子的双链像野马一样很难驾驭，它必须费力推开许多水分子，我们必须做很多的功。DNA 分子的双链偶尔像小羊羔一样温顺，我们轻轻一拉水分子就能推着它向前移动，几乎不用做什么功。

不费吹灰之力就能得到好处，这样的好事太罕见了。有时我们要花好多功夫才能把 DNA 分子的双链拉开，也可能永远看不到它像小羊羔一样温顺。我们可能永远不能亲眼看见玻尔兹曼能差的最重要的贡献者。因此，我们可能会错误地估计玻尔兹曼能差。

更糟糕的是，我们很难判断我们的估计与真实情况相差多远。对误差的估计是科学的基石。粒子物理学家于 2012 年宣布，他们在瑞士的一个超级粒子对撞机中发现了一种粒子，即希格斯玻色子。希格斯玻色子赋予其他粒子质量，他们因这一发现获得了诺贝尔奖。但实验物理学家必须先估计他们的出错概率并将这一概率降低到 0.00003% 以下，然后才能宣布他们发现了新粒子。化学家使用玻尔兹曼能差时可能不需要这么严格的标准，但他们仍需要一个与真正的玻尔兹曼能差不同的估计，需要知道自己的这个估计与真实情况相差多远。

如何衡量这种偏差就像一个不习惯走曲折道路的加州人在伦敦的街道上穿行一样直截了当。为什么？贾辛斯基恒等式的数学结构类似于一张地图，它没有给出一个比例尺告诉我们如何将图上的尺寸换算为地面上的距离。这个地图指导我们走向目的地，却没有透露离终点还有多远。贾辛斯基恒等式有助于我们估计玻尔兹曼能差，却没有揭示我们的估计与真实情况的接近程度。

这个缺点困扰着克里斯托弗，他问我能否求助于一次性热力学。从他的方程导出的自由能有多么准确？如果我们需要一定程度的准确性，那么应该期望做多少次实验？克里斯托弗估计了一些实验，但那种松散的方式让他不满意。我们能否更精确地推导准确性？

的确，我们可以用一次性热力学语言重述克里斯托弗提出的问题：热力学任务之所以不成功是因为我们很难亲眼看见罕见事件发生。我们可以选择对失败的容忍度，也就是可以选择接受实验失败的最大概率。同样，我们也可以确定我们所说的罕见事件到底是什么意思，做这种实验至少必须消耗多少功才能视为罕见。我们对"罕见"的定义，加上我们对失败的容忍度，决定了我们应该做的实验的次数，从而限制未能亲眼看见罕见事件的概率。实验次数决定了估计玻尔兹曼能差的准确性。

克里斯托弗和我证明，一次性热力学熵为我们需要做多少次实验给出了一个限制。因此，一次性信息论可以为利用涨落关系的实验物理学家提供指南。我们的预测适用于（例如）压缩箱子里的气体。如果气体只包含 6 个粒子，那么这个系统就足够小，可以经历罕见事件，以至于压缩实验需要的功偶尔少得异常。我们的预测符合实验中观察罕见事件所需的实验次数。

将一次性热力学与涨落关系融合起来，让我感受到了学科之间联姻的喜悦。奥德丽在穿行于羊皮纸地图的旅行中，途经许多不同的城邦、王国和公国，各地有不同的语言、服装、宗教和美食，但不同地区的人们有时会面临同样的困境。奥德丽可以通过比较不同的策略、不同的发现和各种潜在的陷阱得到益处。一个王国也许正在经历饥荒，而另一个王国的公民可能早已发明了结束这种饥荒的工具。我与克里斯托弗的合作可能没有这么重要，但我们确实通过利用一次性热力学缓解了涨落关系的难题。

下面我们将访问量子蒸汽朋克地图上的下一个城邦，一次性热力学将与这个城邦进行成果交易。如果两个城邦彼此相邻，它们的城门就会敞开，交通将随时变得畅通无阻。但你无法通过陆路利用一次性热力学抵达下一个城邦。所以，请穿上斗篷，不要往下看。

第 11 章

资源理论
一个值半分钱的量子态

"**小姐？**"

奥德丽猛地睁开眼睛，她的右脸颊冰凉。她猜自己一定靠着飞船的弧形玻璃窗睡着了。她将脸颊从玻璃窗上挪开，想用手搓一搓暖和暖和，但透过窗户向飞船外一瞥，不禁倒吸一口凉气，手停在半空中僵住了。

半空中悬浮着许多岛屿，岛屿相连成网络，巨大的金属锁链将岛屿与岛屿、岛屿与地面连接起来。一个岛屿上覆盖着树林，另一个岛屿上布满了黑曜石，还有个岛屿上矗立着一根根盐柱。在其他的一个岛屿上，一块块金子在泥土里闪闪发光。另外，许多飞船和奥德丽乘坐的飞船一样在岛屿上方飞行。有的正飘过这些岛屿，有的正停靠在码头边，有的正驶离码头。约一半飞船的船身上画着旗帜，还画着飘浮在半空中的岛屿。从 3 名旅客刚刚离开的城邦可以辨认出近一半飞船的旗帜。其余飞船的颜色是她在前一个星期或更前一个星期见过的，还有一些她不认识的旗帜。飞船、岛屿和锁链飘浮在一团团卷曲的云层中，这看起来就像一面飘扬的旗帜。

"小姐。"

奥德丽将视线从窗外移开，看见座位旁满脸雀斑的年轻乘务员。看到她醒来，乘务员戴着海军蓝金边帽子从远处向她走来。奥德丽注意到，在地图上穿行时，乘务员都戴着海军蓝金边帽子。他拿着她插在座位上方的票，那上面标明了她的领地和目的地。

"你在下一站就到目的地了，小姐，你远方的朋友让我叫醒你。"他说，"我们将在 15 分钟内停靠在岛上。"海军蓝金边帽子飘走了。

你认为资源是什么？你认为最重要的资源是什么？我认为食物、住所和暖和的衣服是最重要的资源，这些东西可以用钱买，因此自身有价值。我很看重时间和睡眠，在一定程度上也可以用钱买到它们。我还想到家庭、朋友、教育和充实的工作，这些在我写的资源列表上的排名靠前。我也问过别人看重什么，他们通常会列出食物、时间和睡眠。我还听几位科学家说过"咖啡"是资源，我相信。我曾有一位同事在晚上 7:30 左右抵达办公室，那正是我离开办公室的时间；他在早上 8:30 离开办公室，而那正是我抵达办公室的时间。

除了个人，组织机构也重视资源，如图书馆需要文本资料，博物馆需要化石标本。纺织厂需要工人，需要棉花、染料等原材料，需要设备，需要能源为设备提供动力，需要厂房，需要一定的空间盖厂房，还需要资金盖厂房、支付工人的工资和购买原材料。除了你我可以建立的组织外，国家也重视资源。各国政府捍卫领土完整，保护稀有金属资源，培养盟友，并且为知识产权争论不休。

什么属性使资源这么独特？资源具有稀缺性。比如，沙漠里的一片绿洲只能为沙漠居民提供这么多水源，地球表面只有这么多黄金。如果黄金没有稀缺性，那么世界各国就不会将经济与黄金挂钩。人们珍视资源，各国因为一片一片海域而争吵不休，公司向职工教育投资，我保护自己的时间不被繁杂的事务干扰。我们为什么那么珍视资源？因为我们可以利用资源完成任务。只要给我一些时间（当然还有纸、铅笔和网络），我就能揭开宇宙的奥秘。让码农参加编码训练营，他们就可以更高效地执行死记硬背的任务。给数学家一杯咖啡，他们就可以证明定理。

资源能够驱动政治、经济和日常决策，它弥漫在世界的各个角落。我们将从一个资源分析框架中受益。例如，框架规定如何量化资源。想象用纺纱机转动纺轮将棉花纺成纱线，一天能纺出多少纱线？纺出的纱线的量可以用磅（1磅≈453.59克）进行量化。

这个资源分析框架还应该使我们能对资源进行比较，如2磅纱线的价值大于1磅的。我们应该弄清楚哪些资源可以免费转化为其他资源。假设我们有2磅纱线，扔掉一半，2磅纱线就变成了1磅。这的确很愚蠢，但这种转化是可能的。反之，有些资源不能免费转化成其他资源。给定1磅纱线，我们不能直接把它变成2磅。这种转化是被禁止的。然而，我们也许可以利用另一种付费资源实现被禁止的转化。从1磅纱线开始，可以花掉一些钱再买1磅纱线。一般来说，我们应该确定哪些资源转化是可能的，哪些是不可能的。

上面举的例子听起来好笑。我们当然不能凭空将1磅纱线变成2磅，但有时资源（包括量子资源）没有纱线那么明显。我们的问题是：我们可不可以把这个变成那个。当"这个"和"那个"是纠缠的量子态时，我们得停下来好好想一想。

量子信息科学家开发了一个工具包——资源理论框架，用于分析资源。资源理论是一个模型。你可能见过建筑模型，如博物馆模型、国会大厦模型或城堡模型。这样的模型可以摆在桌面上，是一种简化表示。一个墨西哥卷饼餐厅的微缩模型比真正的餐厅简单多了，不需要那么多材料，不需要做能打开的门，不需要抽水马桶。模型能捕捉餐厅的基本特征，去掉一些复杂性。物理学模型也是如此。

资源理论框架用于模拟什么情况？它用于模拟任何具有约束条件的情况，这些约束限制哪些操作可以执行以及哪些材料可用。假设我是一个热力学代理，消耗功（例如擦除信息）并提取功（例如从热机里提取功）。我处在一个恒温环境中，温度计显示 21 摄氏度。我可以轻易获取 21 摄氏度的物体，比如流苏穗子、罗伯特·冯·弗兰肯的蒸汽朋克印刷品、黄铜钥匙。让我将自己的处境简化成一个模型：我可以得到自己喜欢的任何东西，只要它的温度是 21 摄氏度。

我可能收到一个温度不是 21 摄氏度的礼物。比如，我有个朋友在楼下的一个实验室中工作，那里的温度是 27 摄氏度。他送给我一个节日礼物——一个 27 摄氏度的肉饼。我收到一件稀罕物品——一种资源。原则上，我可以使用 27 摄氏度的肉饼，让它与 21 摄氏度的肉饼一起作为热浴。当 21 摄氏度的肉饼热起来的时候，我可以用一种发动机提取功。

"原则上"的意思是理论上，这可能意味着实践起来极其困难。所以，如果你不喜欢口头隐喻，就不要让实验物理学家或工程师去做。在本章开头，奥德丽醒来后发现自己在天上飞是有原因的。这里我只关心什么是可能的以及什么是不可能的，而不关心是否切实可行。让我们支持原则上的可能性，并将肉饼视为一种热力学资源。

前面我们确立了哪些东西是我无法轻易获取的，那么我不能做什么事情？我们也许可以一一列举，比如不能用舌头舔自己的鼻子，但是受过柔术训练的热力学代理可能不受这个限制。让我们在简单模型中忽略这些，关注热力学定律对每个人施加的基本限制。

所有热力学代理必须遵守热力学第一定律——任何封闭的孤立系统的能量保持不变。能量可以从一个系统转移到另一个系统。例如，将茶壶挂到一个小桨轮上，茶壶会失去部分重力势能，小桨轮将获得动能并旋转起来。附近的空气从声波中获得能量（哐！茶壶撞击桌面发出一声巨响）。茶壶落到桌面上，桌面获得振动能量。但是，茶壶、桨轮、空气和桌面的总能量保持不变。

在简单模型中，我们有一个假设：可以任何方式转移能量，只要与量子理论不矛盾。这个假设是不现实的，像我可以找到一部温度正好是 21 摄氏度的福尔摩斯小说一样不现实。例如，物理学家经常通过打开磁场改变自旋能量，实质上是让磁体靠近自旋。实验物理学家不可能无限快地改变磁场，但我在简单模型里可以这样做，这个模型强调理论上的可能性胜于实践上的可行性。

一位热力学代理除了可以让能量从一个物体转移到另一个物体之外，还可以丢弃物体，也就是放弃对它们的控制。例如，考虑茶壶和桨轮。作为一个热力学代理，我可以放下茶壶，转动桨轮，等等。我无法恢复消散到空气里或桌面上的能量或信息，因为我无法控制空气粒子和桌子的振动。丢弃物体使我们的简单模型充满了热力学第二定律的精髓，这条定律规定能量耗散到世界上各个无法控制的部分。我没有假设热力学第二定律支配着我们的简单模型，只是假设可以轻易获取温度为 21 摄氏度的系统，不能获取其他系统。

我还假设宇宙的运行遵循量子理论，而且我可以转移能量，让它在物体之间流动。另外，我可以放弃对某些物体的控制。从这些假设出发，我们可以证明热力学第二定律以及更强的陈述。我们稍后会谈到这个，现在先搭建舞台。

上面我们已经谈及了资源理论的 3 个要素。第一个要素是容易获得的系统，我们称之为"免费系统"，它并不稀缺，例如与环境达到热平衡的物体。第二个要素是资源，即任何不免费的东西。比如，27 摄氏度的肉饼和失去平衡的系统都是一种资源。我们也许能够利用资源完成某些任务，例如做功。第三个要素是免费操作，即无须消耗资源就可以执行的操作。热力学代理可做的免费操作包括从环境中获取免费物体，将它们带到我们被赋予的任何资源中，将能量从一个物体转移到另一个物体中，最后丢弃物体。

免费系统、资源和免费操作共同构成了资源理论。我们用拥有一个热浴的热力学代理说明资源理论，量子信息理论科学家已经利用资源理论对大量情况进行了模型化。

第一个形式化的资源理论帮助科学家揭示了量子纠缠的本质。如今量子实验物理学家已经可以可靠地创建和控制某类粒子之间的某种量子纠缠，有很多例子。比如，实验物理学家最近成功地诱导量子点根据需要生成最强纠缠的光子，但几十年前"按需纠缠"还只是物理学家的梦想。物理学家都是"经典"的人，比较笨拙，往往更擅长破坏有用纠缠而不是培育它，即使今天也是这样。因此，第一个资源理论框架模拟了两位在两个不同实验室中工作、受到纠缠挑战的实验物理学家。假设奥德丽和巴克斯特是这样的两位勇敢的实验物理学家，他们不能制造跨越实验室的纠缠，是现实世界的物理实验者。他俩可能收到一个礼物——一对共享纠缠的电子，其中一个给了奥德丽，另一个给了巴克斯特。他俩做实验的过程可能会削弱这种共享的纠缠。比如，当他们把电子与实验室粒子连接起来的时候，笨手笨脚的经典的人都会这样做。姐弟俩每人还可能用磁体操纵自己的电子，并通过电话交谈。未纠缠的状态是免费的，或者说很容易创建。实验室之间拥有的共享的纠缠是一种资源，或者说是一件罕见的赏赐。

假设卡斯皮安送给姐弟俩一个礼物——一个纠缠态，其中一个量子比特给了奥德丽，另一个给了巴克斯特。姐弟俩只允许降级和保存纠缠态，而不能放大。对于他们可能采取的某个行动，纠缠会有多大幅度的降级？现在假设卡斯皮安送给了姐弟俩一个纠缠态，但姐弟俩还想要一个。他们能把礼物转化为任意想要的量子态吗？我们能不能将所有的纠缠态排列一下，从最强纠缠到最弱纠缠进行排序？我们可以用资源理论来陈述这些问题。

并不是说物理学家认为自己在使用资源理论，那时资源理论还不存在，而是物理学家偶然发现了用这种办法操纵纠缠很有用。然后他们仔细查看具体是什么有用，找到了一个简单模型：一个由免费系统、资源和免费操作组成的简单模型。他们将这个模型命名为资源理论，然后他们将操作纠缠的快乐心情带到其他操作上。量子信息理论科学家现在已经琢磨出用资源理论为其他子领域建立模型，其中包括量子计算、通信信道、量子态的波的特性、量子逻辑门、随机性（热力学家不喜欢随机性，但随机性对量子密码学家有用，量子密码学家利用随机性保护信息不被窃听）等。资源理论框架像一朵乌云笼罩在量子信息论的上方，离去时留下一些数学定理。

这朵乌云早已飘到了量子热力学领域。在讨论肉饼时，我们曾经预习过热力学资源理论，首先出现的是那个获得了一个热浴的热力学代理模型。我曾协助开发了它的另一个版本，稍后再讲。现在请带上一件汗衫，让我们享受略微凉爽的天气，一起探索 21 摄氏度的生活。

{ 热力学第二定律的第二个版本 }

为了说明热力学资源理论，让我们回顾一下第 8 章提到的分子开关，这种分子吸收一个光子后可改变构型。假设分子开始于一个量子态，起初处于"关闭"构型（两个能量的叠加态）。分子可以转换到哪些量子态？更一般地说，如果给你一个量子态，你可以通过免费操作将它转换为哪些量子态？利用资源理论，我们可以回答这些问题。

第二个问题让我们想起了一次性热力学。一次性热力学关心热力学代理做一次实验可能取得什么成就。一次性热力学关心单次实验，而资源理论关心单个量子态，二者都超出了传统热力学的范畴，这两个子领域有重叠。在我的想象里，在量子蒸汽朋克地图上，一次性热力学小镇在地面上，而资源理论联盟悬浮在它的上面。

上面这两个问题将传统热力学问题一般化。传统热力学考虑大量经典粒子，例如新鲜出炉的姜饼释放出很多带有生姜和肉桂气味的粒子。开始时这些粒子拥挤在姜饼表面不远处，我们想象这些粒子的另一种排布——弥漫在厨房的各个角落。在传统热力学中，我们问粒子能否"自发"地从拥挤状态转变为松散状态？"自发"的意思是没有外力对系统做功。

热力学第二定律规定了如何回答这个问题：首先检测粒子拥挤在一起时有多少热力学熵，然后检测它们散开后有多少热力学熵，检查熵是怎样转换的。当且仅当熵增加或保持不变时，转换才可能自发地发生。姜饼蒸汽的熵会随着蒸汽的扩散而增加，因此蒸汽可以自发扩散。

传统热力学能回答的问题有限，首先这个理论只描述巨大的经典粒子集合，其次初始状态和最终状态都必须是平衡态。只有少数可以想象的状态转换满足这些假设。例如，我们的分子开关仅由一个量子粒子组成，它在离开平衡态时开始转换。当改用资源理论时，我们放弃传统热力学的假设。

对于任一系统，如果能量是离散的，我们就可以用资源理论建立模型，可能的能量形成能量梯级，像原子的能级一样。量子系统有能量阶梯，某些经典系统的能量分布也接近能量阶梯。想象有一个陡峭的悬崖和一块大石头。在多数情况下，大石头位于崖顶或崖底。因此，通常大石头只有两个能级可以选择：位于崖顶时有较大的重力势能，靠近地面时有较小的重力势能。因此，利用资源理论可以对量子系统进行建模，也可以近似地对某些经典系统进行建模。

利用资源理论，我们可以研究任何初始状态，如平衡态、接近平衡态的状态、远离平衡态的状态、纠缠态、非纠缠态等。同样，我们也可以研究任何结束状态。让我们变换一下关于这个问题的问法，不问"从这个状态出发是否可以自发地转变为那个状态"，而问"任何免费操作都可以将这种状态转变为那种状态吗"。换了一种问法之后，我们将一个传统热力学问题转化为一个量子蒸汽朋克问题。

量子蒸汽朋克如何回答这个问题？有多种方法，其中一种以经济学家在 20 世纪初开发的数学为基础。经济学家的目标是评估财富在人群中分配的不均衡性。想象由奥德丽、巴克斯特和卡斯皮安组成的人群。如果每人都有 5 英镑，那么财富的分配是平均的。现在假设奥德丽有 7 英镑，巴克斯特有 5 英镑，卡斯皮安也有 5 英镑，财富的分配稍微有一点不平均。如果奥德丽有 6 英镑，巴克斯特有 4 英镑，卡斯皮安有 5 英镑，财富的分配仍不平均。哪一种财富分配更不平均？

经济学家提出了一种方法来回答这个问题。这个问题与诸如"奥德丽比巴克斯特高吗"之类的问题不大一样。回答身高问题时，我们需要比较两个数字：奥德丽的身高和巴克斯特的身高。但在回答"奥德丽的运动能力是否比巴克斯特的更强"这个问题时，我们需要比较许多数字，比如姐弟俩跑 1 英里（1 英里≈1.6093 千米）时的速度、举起的重量等。财富分配不均这类问题看起来像运动能力问题，经济学家需要比较许多数字。

让我们把经济学家遇到的问题略微调整一下。我们不问"这种分布是否比那种更不均匀"，而是问"这个量子态是否比那个量子态更远离平衡态"。要想回答这个问题，我们可以借用经济学家的数学并推而广之，比较这两个量子态的两组特征数字。如果这个量子态比那个更远离平衡态，则这个量子态可以通过免费操作转变为那个。免费操作包括让这个系统与恒温环境进行交互，让能量在系统之间流动，丢弃一个系统。这些免费操作往往会使量子态与环境更接近热平衡。

在利用热力学资源理论时，经济学家的数学给我们带来了意外的惊喜，好像从葡萄干烤饼里发现了巧克力。经济学图像从热力学中涌现出来，显得既迷人又荒谬。想象罗宾汉大步流星地穿过量子实验室。罗宾汉是英国中世纪的一名绿林好汉，经常劫富济贫。

假设巴克斯特拥有英格兰的所有财富。一天早上，罗宾汉骑马来到巴克斯特的乡村豪宅，从巴克斯特那里偷走 1 英镑送给奥德丽。经济学家将这种财富再分配称为罗宾汉转移。

如果罗宾汉转移使得财富分配发生变化，则最终分配比初始分配更公平，也就是说财富在人群中的分布更均匀。罗宾汉转移是经济学的特征，也是量子蒸汽朋克的特征。在量子蒸汽朋克中，罗宾汉转移的不是英镑而是概率。假设奥德丽有一个电子，这个电子远离任何磁场。她可以测量这个电子的自旋方向是否向上。她的检测器显示"是"的概率为 75%，显示"否"的概率为 25%。作为热力学代理，奥德丽可以操纵她的电子。她可以"剥夺"某些"是"的概率给"否"。这种热力学上的罗宾汉转移使得两个概率最终都变为 50%。现在概率分布均匀了，电子处于热平衡态。

罗宾汉转移使社会更趋于公平，也使量子态更接近热力学平衡。热力学代理可执行的操作往往会使量子态更接近平衡态。因此，经济学的数学有助于回答"任何免费操作都可以将这种状态转变为那状态吗"这个问题。完全回答这个问题需要扩展经济学的数学，因为它无法描述量子系统的波动特性。

我曾暗示有多种方法回答我们的问题。如果你猜到一种方法涉及熵，就会得到一颗金星。这种方法需要我们调整问题的提法。假设一个分子将经历有关转变。这个分子是在其他系统存在的情况下发生转变的。用于操纵分子的磁体、用于计时的时钟以及原子所在的桌面这些系统用过之后会略微退化。我们应该将这些退化都纳入我们的问题，因此我们的问题将变成"是否存在免费操作可以将这个状态转变为那个状态，同时所用的系统稍微退化一点"。

我们可以用熵回答这个问题。这里使用熵是合适的。思考一下传统热力学问题"对大型经典系统来说，一个平衡态能否自发地转变为另一个平衡态"，我们通过检查系统的热力学熵是否会减少或保持不变来回答这个问题。同样，为了回答资源理论问题，我们需要检查许多熵是否减少或保持不变。这些熵建立在阿尔弗雷德·雷尼定义的熵之上，雷尼是我最喜欢的匈牙利数学家之一。

这里我应该先做一个免责声明：有时一个量子态在转变过程中会因收缩而没有成功地转变为另一个，这些熵也会被标记下来。在另一些情况下，一个量子态不能转变为另一个量子态，但我们不能根据熵是否增加或保持不变来分辨。量子态可以具有波的某些特性，熵对这些特性视而不见。因此，我们永远不能根据熵判断一个量子态是否可以转变为另一个量子态。尽管如此，熵仍然可以将许多转变标记为不可能。

现在我们已经确定了两种策略来检查一个量子态是否可以通过热力学过程转变为另一个量子态。一种策略涉及经济学的数学，另一种策略涉及熵。每种策略都要求我们检查一系列不等式是否成立。为什么是一系列？根据热力学第二定律，我们只需检查传统热力学中的一个不等式，只要热力学熵不会减少就够了。通过检查一系列不等式，我们可以了解比传统热力学更多的东西，了解量子热力学的情况，了解纠缠态、其他非平衡态和微型系统的情况。学得越多，需要付出的努力越多。

因此，资源理论能够比传统热力学给出更多的预测。是不是资源理论与传统热力学之间没有关联？不，尽管我们利用资源理论的目的是回避对平均和宏观对象的预设，但资源理论也可以用于平均和宏观对象的建模。例如，考虑雷尼构建的熵，这些熵形成了一个家族，许多家族成员处于平均和宏观对象的范围之外。这种情况让我想起了埃德加·爱伦·坡的一首诗《乌鸦》。说话的是一个年轻人，深夜突然响起的敲击声吓了他一跳。敲击声越急促，他的神经越紧张。他的情人刚刚死去，他的情绪近乎崩溃。这首诗写道："凝视着夜色幽幽，我站在门边惊惧良久，疑惑中似乎梦见从前没人敢梦见的梦幻。"[1] 年轻人意识到敲击声从窗户传来，他打开窗户，一只乌鸦走了进来。顿时，他的惊惧、犹豫和梦"坍缩"成一只鸟的形状。因此，当我们所关心的系统变得无限大时，许多熵也会坍缩成一个，也就是说所有的熵归一了。我们也可以说熵最终走到了一起，彼此相等，但我更喜欢乌鸦的图像。因此，许多不等式坍缩为一个不等式，它看起来像热力学第二定律。

因此，资源理论在发现新领域的同时巩固了传统热力学，而不是另起炉灶。这种状态赋予这个不等式家族一个称号——热力学第二定律族。从经济学借用来的不等式属于这个家族，起源于雷尼熵的不等式也属于这个家族。同样，我们也可以称涨落关系一族为新第二定律。有时我感觉每个人都可以从祖母那里衍生出自己的第二

---

[1] 节选自《乌鸦》，爱伦·坡著，曹明伦译，安徽文艺出版社，1999年。——译者

定律，甚至我和合作者也创建了一些。如果热力学这个武器需要打磨，那么资源理论框架可以作为磨刀石。

{ 无穷无尽的最美最妙的形式 }

我的心中有一个银色流苏枕头，那些资源理论坐在其上。它们的特征是熵，源于想要操纵纠缠的愿望。它们属于量子信息论领域。当以热浴和能量守恒为特征时，资源理论建立了热力学模型。资源理论揭示了关于状态转变、功的绩效和功的消耗的基本限制，扩展了热力学第二定律，揭示了热如何使量子的波动特性退化，并扩大了一次性热力学的管辖范围。

但是，情有独钟不能让我们对资源理论的缺点视而不见，尤其是在科学上。资源理论是不现实的。首先，热力学代理不可能随意变出温度为 21 摄氏度的物体。其次，在量子理论允许的范围内，让能量在物体之间转移还需要很多年的时间和数百万美元的研发费用才能最终实现。再次，从量子比特中提取的功不会超过为了提取功而需要消耗的功。正如第 7 章末所讨论过的，你需要冷却量子比特，直到它出现非经典行为；需要通过墙上的电源插座获取能量，获取的能量比量子发动机能提供的能量多。最后，研究资源理论的科学家使用"系统"和"量子比特"这样的抽象语言，而实验者谈论的是具体事物，如原子、电路、激光、脉冲序列（规定磁场何时开关以及如何开关）以及半导体材料。

的确，在本章开头，奥德丽发现自己在空中不是没有原因的。我自己加入资源理论联盟之后就开始了量子蒸汽朋克之旅，也感觉自己像处在半空中。我并不后悔从事这一研究，而是为自己与合作者对基础理论的贡献感到自豪。但是，我觉得有必要让自己的工作落地。于是，我转身批评自己研究的学科，像陶艺匠人把自己做的花瓶扔回到拉坯机上一样。

第一阶段的工作主要是推广，我与一位合作者推广了传统热力学资源理论。前面的资源理论用于对仅有能量交换的系统进行建模。但热力学系统除了交换能量以外还交换大量其他东西，如各种粒子、电荷、体积（如果系统是由滑动隔板隔开的气体，那么一侧的气体会挤压另一侧的气体而膨胀）等。系统可以通过与不同环境进行各种不同的交互来交换不同的东西，这里的环境包括厨房、电池、磁场、地球引力场、冷却到最低能级的原子等。查尔斯·达尔文在《物种起源》中写道，生物学里有"无穷无尽的最美最妙的形式"，我在热力学中也发现了这种形式。

为了模拟这种多样性，资源理论需要一般化。我在研究生院与一位合作者一起发起了这项推广工作。我们建立了一系列资源理论，模拟任何东西的热力学交换过程，从能量到粒子，再到电荷，应有尽有。我们证明了第二定律族决定了哪些状态可以转变为哪些状态，哪些状态不能转变为哪些状态。

资源理论一般化打开了许多形式，虽然不是"无穷无尽的形式"。许多热力学系统和许多种类的相互作用可以在同一个量子蒸汽朋克框架中进行建模。可以建模的系统越多，我们就越有机会找到实验平台测试我们的结果，或者可以通过资源理论更好地理解大自然的某个侧面。

并不是说我们对资源理论的推广导致了一个实验，或导致对物理学的更好的理解。我们的推广也不能对量子系统的所有属性（如第 2 章列出的属性）进行建模，但其他蒸汽朋克专家将这些量子属性加到模型中。同时，这种推广有助于建立另一个量子蒸汽朋克王国，第 12 章将予以介绍。

此外，泛化拓展了基础物理学。我们已经看到，兰道尔原理规定擦除信息是要消耗功的。物理学家设计了一种支付方式，不是用功支付，而是用角动量支付，就像你可以用现金或 Visa 信用卡购买奶茶一样。现在我们扩展支付方式，资源理论钱包里还有万事达卡、美国运通卡、旅行支票、国库券、股票等。最后，这种对资源理论一般化工作的抽象引起了我的某种焦虑。

那是我在职业生涯中最难受的一段时间，我开始焦虑。在某大学举办的一个研讨会上，我刚刚做完一个关于热力学资源理论的报告，最后一张幻灯片仍显示在屏幕上，提问环节开始了。主持人（在那一刻之前，我一直认为他是我的朋友）指着一位听众说："他是你的死对头。"

听众里有实验物理学家，他们在实验室里研究如何构建量子材料。他们脚踏实地，不像本章开头的奥德丽那样悬在半空中。主持人称一位实验物理学家是我的死对头。

"你的理论对他的实验有什么启示？"主持人问，"有吗？他为什么要关心？"

我本可以回答得更好些，但经验太少了，我刚刚开始攻读博士学位。我带着歉意说，资源理论是从一个冷门数学领域——量子信息科学中诞生的。然后我回忆起科学有时怎样一步步从理论转移到实验上。听众看起来不大相信，但我得了一分，我说实验物理学家并不是我的死对头。

"而是我的新朋友。"我坚定地说。

面对那位实验主义者，经历了那种尴尬之后，我苦思冥想如何让悬在半空中的资源理论落地，让它与地球上的现实联系起来。我开始问自己和其他人，资源理论的哪些部分值得用实验检验？实验者可以准备哪些量子态来证实这些部分？我们有没有希望通过实验测试某些转换是不可能实现的？

另外，理论物理学家如何改进资源理论，使其表述更贴近现实？我们能不能建立一座桥梁，把资源理论与实验联系起来，通往量子蒸汽朋克地图上的另一个城邦？例如，实验者已经测试了涨落关系，它与一次性热力学有交集，而一次性热力学与资源理论有交集。也许我们可以跟踪这条线索，找到资源理论与实验的联系。

令我高兴的是，另一些科学家接受了挑战。有些同事提出了检查资源理论结果的实验，有些同事用资源理论为一些具体的物理系统（例如原子与光的相互作用）建立模型。一些同事通过涨落关系将资源理论与实验联系了起来。

尽管如此，我还是不能摆脱对自己的研究的不满。我总是想起那位拒绝将他的超冷原子变成量子发动机的实验物理学家。从量子发动机中提取功对他没有任何益处。当然，他可以检查我们的预测。但我们的预测可以从量子理论中导出，而量子理论经受了一个多世纪的考验。增加一项与量子理论等价的测试并不会使人类的知识有多大进步。此外，即使尽最大可能提取出了功，这部分功比通过墙上的插座获取的能量差远了。

在第 7 章中，我们在讨论量子发动机时介绍过这位实验物理学家。他拒绝我的提议——将资源理论与实验联系起来。我对自己面临的挑战也没有给予真正的回答。其他研究资源理论的科学家接受了这一挑战，但其他量子物理学家连一天的时间也不给他们。一些人对我们证明热力学转换的基本局限性表示欢迎，因为大多数物理学家对基本原理感兴趣。其他量子物理学家认为我们的资源理论毫无用处，拒绝做我们提出的实验。我意识到他们不会支持我们，除非我们能证明资源理论可以做一些有用的事情。我们必须用资源理论解决其他科学家关心的问题。在我即将取得博士学位的时候，一个完美的问题出现了。问题不是来自物理学的边缘，而是来自另一个学科领域。

{ 跨越领域 }

在第 8 章中讨论量子钟时，我们提到过戴维·利默。戴维值得用更多的篇幅进行介绍，他是加州大学伯克利分校的理论化学家。我在研究生院学习的最后一年遇到他，当时我正打算做博士后。遇见他让我在精神状态上回到了小学时代。上小学时，我曾仰慕两位高年级同学，他们代表我们的学校参加科学展览，参加演讲比赛，学习高中课程。我仰慕戴维就像当年仰慕那两位高年级同学一样。他在两年前完成了博士后研究工作，正在组建他的研究小组。他利用信息论和其他数学工具，研究远离平衡态的统计力学。尽管他是理论物理学家，热衷于研究数学，但他与实验物理学家有合作。除此之外，他还关注遥远的话题，比如黑洞。他比我年长 3 岁，正如我的那两位小学高年级同学。

关注遥远的话题使戴维注意到了资源理论。他问我是否可以用资源理论回答他的化学问题。这个问题涉及第 8 章提到的分子开关，如图 8.2 所示。分子开关在学术上称为"光致同分异构体"。自然界和技术领域中常常出现光致同分异构体，我们的眼睛里就有，实验者已经用这些开关改进太阳能燃料的储存方式。这种开关有两组由化学键绑定的原子，两组原子连在同一个轴上。

平均来讲，分子开关在大部分时间处于平衡态，与室温环境进行热交换。这种分子呈图 8.2 上方所示的形状，称为"关闭"构型，又称为顺式构型。用激光或阳光照射它，它吸收光子获得能量。被能量激发的分子开关有机会开启：一组原子可以向下转动，此时分子为反式构型（即"打开"构型）。

这个分子现在有比平衡态更多的能量，尽管此时的能量比它刚刚吸收光子时的能量少。分子可以维持这种状态相当长的时间，也就是说这种分子可以储存光子的能量，因此哈佛大学和麻省理工学院的实验人员将这种分子连在纳米管上，用于捕获和储存太阳能。

吸收一个光子后，分子开关已做好切换准备，但可能最终没有达到我们想要的旋转状态。分子切换的概率是多少？这个问题没有简单通用的答案，因为分子开关模型很难建立。分子开关很小，是量子的，而且远离平衡。我们可以为这种开关建立一个模型，包含我们知道的每个细节。但模型越具体，通用性就越不好，即模型可表示的情况越少。我们也许更喜欢一个可以表示许多情况的简单模型。所以，戴维想推导出一般性的分子切换概率的上限。热力学家专门研究这种界限。例如，热力学第二定律是一个一般性的上限，它掌控从量子发动机到地球的各种系统。

戴维有一种预感，即资源理论可用于估算分子切换概率的上限，毕竟资源理论是简单模型。本章描述的第一个热力学资源理论只涉及很少的假设：量子理论、能量守恒定律和一个大的热浴。

戴维的想法让我的眼前一亮，像光子撞击纳米级太阳能装置一样。他向我讲解光致同分异构体知识，我给他讲解资源理论，我们合作推导出了一个上限。首先，我们用资源理论对分子进行建模（发现分子有量子钟，如第8章所述）。然后，我们选择证明资源理论的数学定理，并应用这些定理研究光致同分异构体。一个定理暗示分子的量子波动特性不能帮助它进行切换。物理学家（和化学家）更希望发现量子特性可以促进有用行为，所以这让我失望，但这就是科学！最终，我们实现了自己的目标：将热力学第二定律族应用于分子开关，算出了分子切换概率的上限。这个上限在分子的计算机模拟中起作用。此外，如果分子不太可能吸收光子，该上限接近真实的切换概率，哈佛大学和麻省理工学院的实验证明了这一点。

据戴维和我所知，我们首次利用资源理论回答了量子信息论之外的问题。从那之后，资源理论用于研究凝聚态物质。其他物理学家和我正将资源理论应用于黑洞物理学。量子引力激发了黑洞物理学，所以我的头仍然部分在云里，也可以说在太空里。但我的另一部分颇像奥德丽透过飞船玻璃窗看见的其他飞船：在云和地球之间穿梭，努力让量子蒸汽朋克的一个王国落地，让其他王国升空。用资源理论的话说，一杯杯咖啡、一磅磅纱线、一丝丝不值钱的纠缠，或远离平衡态的一定距离，就能把我们放飞，让我们飞向自由的天地。

第 12 章

看不见的王国
如果量子可观测量不合作，怎么办

一阵风吹来，粗麻布帐篷沙沙作响，一个东西滑过沙地溜进帐篷里。奥德丽、巴克斯特和卡斯皮安还没来得及看发生了什么事，就听见怦怦的脚步声越来越远，消失在深夜里。巴克斯特先来到帐篷下，俯身捡起被塞进来的包裹。

"我们收到了一封信。"他大声说道，解开绑在牛皮纸袋上的绳子。3 位旅行者回到小桌边，桌上的煤油灯闪着光冒着烟。巴克斯特弯着身子趴在信纸上，卡斯皮安斜靠在他的左肩上，奥德丽倚着他的右肩。

"这封信是用卢恩字母写的[1]，"卡斯皮安看得更清楚，他说，"把信交给你的姐姐，巴克斯特，她能翻译出来。"

巴克斯特听从了卡斯皮安的话。巴克斯特和卡斯皮安又挤在奥德丽的两侧。奥德丽把信纸举到脸前，眯着眼睛，用手指抚摸那些符号。

"看不清，"她说，"最后的字太小，但我相信可以猜个八九不离十。"当她集中注意力时，舌头在上下嘴唇之间伸了伸。"要找到……没有目击者的……未知？不，更像'没有见证人'，不是'未

---

[1] 卢恩字母（Runes）又称为如尼字母，是一类已消失的字母。卢恩语是中世纪北欧日耳曼语族的一种语言，在斯堪的纳维亚半岛与不列颠群岛通用。——译者

知'，也许……啊，这个词应该是'看不见的'。要找到看不见的王国，来……跟着……对，按照……箭头……指的……符号？啊，是路标！要找到看不见的王国，请按照路标。然后信被弄模糊了……"

奥德丽把那张信纸贴在脸前，另外两个人靠在她的肩膀上。她突然把头往后一仰，差点撞到巴克斯特和卡斯皮安的头。

"巴克斯特，快把你的宝贝皮套给我。"她伸出一只手。

皮套里的宝贝是巴克斯特亲手挑选的，总是放在他的口袋里。巴克斯特就是巴克斯特，皮套可能在他上个星期穿的夹克里，但今天他拍了拍他的3个口袋，宝贝就跑出来了。人们一般喜欢称这件宝贝为瑞士军刀套装，里面有小刀、开瓶器、螺丝刀、放大镜、小尺子、指南针和小剪刀。但是巴克斯特加上了一个小激光器、一个量子传感器、一个天线和一个小冰箱，小冰箱只要放得下两个量子比特的小芯片就行了。他把宝贝皮套递给奥德丽，奥德丽拿出放大镜，举到信纸上看了片刻。

"我的天，"她喃喃地说道，"这是你的专长，巴克斯特。"

奥德丽把信纸和放大镜递给巴克斯特，巴克斯特拿着放大镜对准一只眼睛，吹了声口哨。

"我从未见过这么小的冰箱，"他说，"这是谁造的？真想见见他。"

"这封神秘的信的末端装着一个微型冰箱，我们怎么处理？"奥德丽问道。三人都沉默了，琢磨着那个送信的人。

"箭头，"卡斯皮安说道，"路标。"

"什么？"巴克斯特问。

"让我看看我们有什么宝贝。"卡斯皮安说。

奥德丽把那些工具递给他，他仔细找了找，找到了那个量子传感器。这是一块有缺陷的钻石，与周围环境隔离开来。

"信可能落入任何人的手中，"卡斯皮安说，"写信的人希望只有我们才能看见路标。字迹越来越小，因此路标可能很小，并且可以表示为箭头。检测微小箭头的最佳方法是使用微型传感器。这里远离实验室，在沙漠里，除了巴克斯特，没人能够检测到这么小的箭头。"

巴克斯特毫不掩饰地咧开嘴笑了，卡斯皮安补充说："当然，也除了尤尔特。"在传感器的刻度盘上，一根指针划过，然后停了下来。卡斯皮安把它举到灯下仔细观察。

"指向下方，"他说，然后把头转向奥德丽，"我们下面是什么？"

奥德丽在父母计划挖掘此地时就已经掌握了关于这个地区的所有信息。

"我们的脚下是公元前14世纪的一个工人小屋。"她说。

"小屋下面有什么？"

奥德丽摇了摇头。"考古挖掘主要集中在工人修建的豪华宫殿上，没人想要挖掘工人住的小屋。"她盯着卡斯皮安说，"你认为失落的王国就在小屋下面吗？"

他耸了耸肩。

"几千年来没人见过失落的王国，它一定埋在没人想到的地方。"

我最喜欢的一本量子蒸汽朋克小说被埋在普通工人住的茅草小

屋下方，过了几十年才被发掘出来。热力学里也有"茅草小屋"，住着寻常人家，他们讲的故事就像在壁炉旁唠的家常。热力学家常常设想一个小系统与一个大的热浴交互，比如把新出炉的黑醋栗面包冒出的蒸汽装进一个瓶子里；用一个活塞把少量蒸汽粒子与其余粒子隔开，其余粒子可以用作热浴。

少量粒子和其余粒子交换东西。如果活塞可以传递能量，这些"东西"就可能是热量；如果活塞有孔，分子可以穿过这些孔，这些"东西"就可能是热量和粒子。如果交换不是太快，则一段时间内流向一个方向的东西比流向相反方向的更多（例如从粒子少的地方流向粒子多的地方）。最终，少量粒子与其余粒子达到平衡，意思是这些东西来回流动，但平均而言，流向两个方向的东西一样多。

互换的东西应该是可测量的，在第 8 章中我们称之为可观测量。我们可以测量一点点能量、若干粒子、一点点电荷等。传统可观测量用数字表示，也许我们期望量子可观测量也可以用数字表示。比如，我作为一个传统意义[①]上的人，可以用 7.84 美元从书店买 2 本蒸汽朋克小说。然后我可能重新出现在非常冷的室外，室外温度是 –17.2 摄氏度。我走了 0 步就把手套掉在地上。这里，2、7.84、–17.2 和 0 是实数。日常生活中的可观测量都可以用实数表示。即使我们不测量现在的温度，也有一个实数代表它。

实数帮助我们以更受限的方式表示量子可观测量。如果我们测量一个量子可观测量，结果就会得到一个实数。但如果我们不去测量，这个可观测量就不能用一个实数表示。将一个实数赋值给一个可观测量，就是将一个明确的值赋予这个可观测量。但量子可观测

---

① 这里"传统意义"的意思是"非量子意义"。——译者

量并不总是有明确定义的值。根据不确定性原理，一个量子粒子的位置被定义得越明确，它的动量就越不明确。单个实数无法捕捉量子不确定性或量子测量结果的随机性。

因此，我们把数字排成一个方阵，用方阵表示一个量子可观测量。科学家称这种方阵为矩阵，但我称之为超数字。为什么？首先，如果你的大花园包含一个莎士比亚风格的花园、一个中式花园和一个日式花园，那么你的花园就是超花园，即由花园组成的花园。同样，一个超数字由数字组成，而且它的行为也像数字，可以做加法和减法。其次，我想借用"超"这个前缀。①

超数字并不遵循所有实数都遵循的规则。例如，计算两个实数的乘积时，顺序并不重要，2乘以3等于3乘以2。我们说实数乘法中的两个数字可以交换位置。现在将两个超数字相乘，结果往往与顺序有关。并非所有超数字都可以交换位置。因此，量子物理学里到处都有这种笑话："为什么琼斯教授和史密斯教授住在离校园只有一条街的地方？因为他们不喜欢乘车上下班！"

超数字不遵守交换律是量子不确定性原理的数学基础。例如，两个互不交换的超数字代表位置和动量。我们说量子的位置和动量总是"不和谐"或"不相容"，这听起来像两个邻居总是为房屋的界线吵架。正是超数字拒绝服从交换律，或可观测量不相容，才将量子物理学与经典物理学区别开来。

---

① 这样的超数字不仅可以包含实数，还可以包含二维数或复数。一个数怎么可能是二维的呢？在地球上，我生活在二维表面上。可以通过指定纬度和经度来指定我的位置。这两个实数可以打包成一个复数。通常，一个复数包含两个实数，可以被解释为二维表面上的一个点。——作者

回想一下我们的实验，一小把粒子与浴交换可观测量。假设这些粒子不是经典物理学描述的热空气粒子，而是冷原子。交换的每个可观测量（比如能量、电荷等）都由一个超数字表示。物理学家通常假设这些超数字是可以相互交换的，几乎没人意识到他们暗示了这个假设。这个假设从大多数人的意识中偷偷溜走了，但它潜伏在伴随这个热力学故事的数学里。这样，我们对热力学非经典行为的来源视而不见。我们只看得见世俗的东西、可交换的超数字、相容的可观测量、故事里的工人小屋。

如果少量原子和浴交换的可观测量彼此不相容，则会发生什么？每个原子可能有一个自旋，可以当作一个量子比特。交换的可观测量可以是自旋的某个组成部分。设想量子比特为指向某个方向的箭头。一个方向可以分成 3 个分量：向上或向下、向左或向右、向前或向后。每个分量对应于一个可观测量，实验者可以测量一个量子比特是向上还是向下，是向左还是向右，是向前还是向后。每个量都是一个可观测量——自旋的一个分量。这些可观测量彼此不相容。

如果所交换的可观测量不相容，热力学会发生什么？我在攻读博士学位的早期与一位合作者偶然发现了这个问题。与此同时，伦敦的量子热力学家也偶然发现了这个问题。早在几十年前，一个物理学学派——埃德温·汤普森·杰恩斯学派就探索过这个问题。

杰恩斯是 20 世纪美国的一位物理学家，他研究统计力学与信息论的交叉领域。他的工作至今仍然影响着华盛顿大学，他在这所以红砖建筑闻名的美国大学工作。这所大学的一位量子热力学家曾告诉我，杰恩斯曾为一家初创公司做咨询。这家初创公司缺乏资金向他支付薪水，于是提供股票作为补偿。那家公司就是瓦里安公司，后来瓦里安公司发展成赫赫有名的医疗器械公司。杰恩斯发了，买了一座豪宅，他在每个星期五接待物理学教授和学生。他会弹大三角钢琴，而客人们自带乐器给他伴奏。杰恩斯的精神依在。在每个星期系里举办的晚宴上，在量子蒸汽朋克小说里，仍可以找到杰恩斯的影子。

杰恩斯发表于 1957 年的两篇论文将信息论和统计力学统一起来了，这两篇论文对量子蒸汽朋克的深远影响就像《海底两万里》对科幻小说的影响那样。杰恩斯的统一围绕着少量原子与浴达到平衡时的量子态。这种量子态对于热力学家来说很重要，就像水的压力对尼摩船长[①]来说很重要一样。知道了水的压力，尼摩才可以预知他的潜艇在海洋中如何航行。知道了平衡态，热力学家才可以做出预测，这些预测是可以通过实验检验的。我所说的"知道平衡态"的意思是能够写出量子态的数学表示，可类比为写出水压的大小。不同热力学家以不同方式推导出平衡态的数学形式。杰恩斯用已知信息和未知信息的方式给出了他的推论。很自然，他引用了熵。

杰恩斯指出自己的策略是有效的，即使所涉及的可观测量不相容。关于这一点，他并没有写太多。在量子热力学这个特殊的量子王国里，关于系统与浴交换的可观测量不相容的问题，他只写了一个自然段。杰恩斯没有推测哪种不相容的可观测量是可交换的，哪种类型的系统可以与一个浴交换这种可观测量，哪些机制可以传递

---

① 尼摩船长是法国著名科幻小说家儒勒·凡尔纳的小说《海底两万里》中的人物，他是"鹦鹉螺号"潜艇的船长，带领阿龙纳斯教授进行海底环球航行。——译者

这样的可观测量。看不见的王国在很大程度上仍然看不见。

杰恩斯的一些追随者访问了这个王国。一些人想通过不同的途径达到平衡态，以完善杰恩斯的论点。他们的方向是对的，但遇到了数学上的障碍。于是，这个王国又回到默默无闻的状态，几十年来不为世界上其他地方的人所知。

{ 大门初次被叩响 }

几年前，先后有 3 批量子热力学家前来叩响这个王国的大门（其中一批人包括我）。他们分别穿越不同的路径，而我是从资源理论联盟开始的。我和一位合作者已经将资源理论推广到几乎可模拟热力学中的各种可观测量（比如热量、粒子、电荷、磁化）的交换。如果可观测量彼此相容，我们的数学理论就成立。然而我们的结果含有另一条通往平衡态的路径。如果可观测量不相容，我们就不能得出结论说小系统（由少量原子组成的系统）最终将与浴达到平衡。

等等，杰恩斯不是说过由少量粒子组成的系统最终会达到平衡态吗？不完全是这样，他描述的是达到平衡时量子态最终应该达到的状态，但他对平衡过程只字未提。此外，杰恩斯的推理依赖信息论而不是物理学。因此，杰恩斯的量子态可能只存在于他的想象中，而不是任何真实物理过程的结果。

在探索未知王国时，量子热力学家总是以另外的方式推导出这种平衡态，我们将它绑定在坚实的物理基础上。我们沿着一条布满沙子的小路，穿过彼此相容的可观测量的热力学田野。假设一小把原子与一个浴交换两种原子（奥德丽原子和巴克斯特原子）和能量。

奥德丽原子的数目、巴克斯特原子的数目和能量用可交换的超数字表示。

少量的原子和浴共同构成一个复合系统。假设我们想制造这样的复合系统，让少量原子与浴交换原子之后达到平衡。我们准备这个复合系统，让它有明确数量的奥德丽原子、明确数量的巴克斯特原子和相当明确定义的能量。这一小部分复合体将与浴交换能量和原子，最后达到平衡。

这个小复合系统最终将达到我们用数学形式推导出来的量子态。数学形式可以从复合系统的量子态推导出来，量子态编码了奥德丽原子的总数、巴克斯特原子的总数和近似总能量，没有其他信息。我们称这种复合量子态为微正则态，这在经典情形下相当于"微正则系综"。我的一位大学教授说，这听起来像拿破仑军队的一个编制。

所以，这个复合系统处于微正则态。如果我们能从那个状态擦掉所有浴的痕迹，留下的将是少数几个状态。有没有什么数学操作相当于"擦掉所有浴的痕迹"？的确有一个：幸好我们有线性代数，线性代数是量子物理学家的盾和剑。因此，如果所交换的可观测量是相容的，我们就可以从整个系统的微正则态推导出少量原子的平衡态。

但如果交换的可观测量不相容，怎么办？我们已经骑着赛马冲上赛道，沙土翻腾，遮掩马蹄，很难看清。让我们靠近赛道仔细观察，试着遵循微正则推论。假设交换的可观测量不相容，看看会发生什么。

如果我们制备由少量原子和浴组成的复合系统，让它们处于微正则状态，有定义相当良好的能量，彼此可交换的可观测量是良好定义的，那么在这种情况下，少量原子有最好的机会达到平衡态。等等，彼此可交换的可观测量有定义良好的值？这些可观测量彼此不相容啊！位置和动量的关系也是不确定的。这些可观测量不能同时有明确定义的值。

我们赶紧在赛马场的赛道旁停下来商量，马在一旁流着汗，喷着鼻息。几分钟后，我们转身离开赛道，登上沙丘。赛道弯曲时，我们的路径也弯曲；赛道变直时，我们的路径也变直。在更远的地方，我们可以看到更广阔的风景。

微正则状态由轨道（传统的通向平衡态的路径）组成。驶离轨道，我们将微正则态推广，无须为每个可观测量（能量除外）定义一个明确的值，我们可以使它有一个差不多明确的值。这种模糊性使不相容的可观测量满足不确定性原理。从近似微正则状态抹去浴，推断出少量原子的平衡态，结果表明它接近杰恩斯预测的量子态。因此，量子物理学、信息论和热力学构成的联盟——量子蒸汽朋克联盟赢得了这一天的比赛。

{ 门，吱呀一声打开了 }

更多的旅行者来访问看不见的王国。在过去的几年里，不相容的可观测量的交换问题已经波及量子信息热力学领域。一些物理学家开发了资源理论框架，有些已经证明了热力学第二定律，有些考虑如何存储不相容的可观测量，正如电池可以存储能量一样。一位科学家，像发现新大陆的旅行者，正是为此而生的。

然而，我想要更多。量子信息热力学理论太抽象。虽然我很喜欢它，它告诉了我们很多东西，但它只给出了一个视角。我们这个世界上存不存在可以交换不相容的可观测量的真实系统？如果存在，这样的系统是什么样子，由什么组成？它们可能存在于自然界之中吗？如果存在，它们在哪里？可以在实验室里做出来吗？如果可以，怎么做？实验的细节将完善量子信息论的抽象数学形式。

于是，我和另外两个合作者提出了一项实验，展示如何观测一个小系统。它类似于少量原子组成的那种系统，趋近被量子不确定性接触过的平衡态。今天的实验者有做这项实验所需的工具，比如冷原子和被捕获的离子。

我们展示了如何将离子的自旋设置为"近乎"微规范状态，就是说如果你测量有多少个离子的自旋向上，多少个向左，多少个向前，则答案是随机的，但可以进行充分的预测。此外，我们展示了少量离子和浴可以交换3个可观测量：向上、向左和向前的自旋。离子交换可观测量后，过一小段时间，少数最终接近平衡态。这样，在研究不相容的可观测量的交换问题上，一座从量子信息热力学通向原子物理学、从抽象世界通向物理现实世界的桥梁建成了。

桥梁可以有多种形式。从奥德丽的世界通向看不见的王国的桥梁是一封信。我将量子物理学和信息论之间的桥梁设想为闪闪发光的金属，我们将继续为其增光添彩。我和两个朋友建造了一座索桥，用于交换从热力学到实验的不相容的可观测量。

桥梁的建设工作仍在继续。我们正与实验人员合作在实验室中利用捕获的离子做实验。希望在本书第二版出版时，我可以报告我们的实验结果。我和合作者也在拓宽桥梁，让桥梁不仅可以抵达原子物理学，还要能抵达凝聚态物质和粒子物理学。这些领域的科学家也在思考量子系统中的平衡问题，他们采用的方法与量子热力学家不同。为了理解量子平衡，他们开发了许多工具，包括数学工具、概念工具和实验工具。我的目标是将这些工具推广，以适应不相容的可观测量的交换问题。我们可以利用这些推广来研究量子不相容性对能量和信息的传输与存储有什么影响。

关于传输效应，我们已经知道了一些：可观测量在量子系统间跳来跳去时产生熵，不相容的可观测量产生的熵比相容的可观测器产生的熵更少。一个系统产生的熵越少越好，因为很少产生熵大致相当于衰老缓慢。此外，我怀疑不相容的可观测量的交换可能有助于我们为量子计算机建立内存。因此，不相容的可观测量似乎很有用，除了它是区分量子热力学和经典热力学的基础之外。

在热力学中，不相容的可观测量已经发展为一个共生产业，我希望帮助它发展成一门独立的子学科。这个子学科将出现在量子蒸汽朋克地图上，好像很多年来没人注意的王国终于被发现了。

第13章

全 景
结束旅行

3位旅行者日夜兼程，或走或爬，或驾车或乘飞船飞行，沿途风景不断变幻。一个又一个画面在奥德丽的记忆中留下了深刻印记，它们像一片片叶子突然被旋风刮走。一片贫瘠的土地上整齐地坐落着一排排小屋，其间穿插着零零散散的枯萎的灌木。集市上有各种各样的连衣裙、亚麻布、头巾和篮子，其中有血红色的、柠檬黄色的、翠绿色的和天蓝色的。悬崖上的一座玻璃宫殿在暴风雨中闪闪发光，灰色的海浪拍打着宫殿下方的岩石。

无论3位旅行者到哪里，尤尔特都能找到他们。在那个集市上，他们被一个瘦弱得像芦苇秆、抽着烟斗的男人跟踪，那个男人总是与他们保持一定距离，不远不近。一天深夜，三人到达一家小旅馆，一封信正等着他们。很明显，信封被打开过，然后重新封上。云笼罩在玻璃宫殿上方，还有影子紧紧贴着墙壁。

每到一个邮局，3位旅行者都会给奥德丽的父母传送几个量子比特，因为量子信息比经典信息更安全。虽然奥德丽痴迷于探险，探险过程自带一种使命感，但她有时也羡慕那些量子比特。在寒冷的夜晚，她蜷缩在薄薄的毯子里，听着从隔壁传来的巴克斯特的鼾声。她多么希望自己能像一个量子比特那样瞬间到达自己的最终目的地。可惜奥德丽是经典女子，不是量子女子，不可能超距瞬移。

更糟糕的是，3个人谁也不能预知他们的最终目的地到底在哪里。

我们已经穿越了量子蒸汽朋克的大部分景观，但还没有访问城邦、王国和公国。在本章中，我将简要介绍几场旋风般的欧洲之旅，虽然在短短的一个星期内不可能熟悉伦敦、巴黎、罗马和威尼斯，但可以领略每个地方的独特风景。

{ 冷却它 }

前面讨论过，需要空白的草稿纸才能进行计算。比如，我们想计算奥德丽、巴克斯特和卡斯皮安走过的路程。你可以在地图上画出他们的路线，用尺子测量每一段路程，将地图上的距离转换为地面上（或空中）的距离，然后将它们都加起来。做加法时，我们把所有数字写下来，需要进位时要写得更多。[①]

对于经典计算机，空白的草稿纸表现为比特全都重置为"0"。对于量子计算机，空白的草稿纸表现为量子比特全都是向上的箭头。假设在电子附近摆放两块磁体，如图 13.1 所示。S 极位于 N 极之上，因此磁场的方向是向上。电子自旋与磁场相互作用，形成自旋的能量阶梯。当自旋与磁场的方向对齐（箭头向上）时，它占据低能级；而与磁场的方向正好相反（箭头向下）时，它占据高能级。因此，

---

① 有人会用心算做加法，但心算需要用神经，神经相当于草稿纸。——作者

降低温度，也就降低了量子比特的能量，迫使其自旋方向变为向上。冷却过程就是擦除量子草稿纸上的字迹。

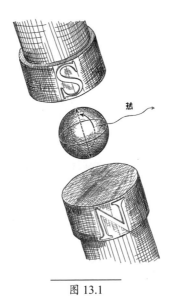

图 13.1

兰道尔告诉我们，擦除需要消耗功。换句话说，擦除是信息处理任务，需要经历一个热力学过程。反过来，通过处理信息，我们可以完成一个热力学过程。利用二者的关联，我们可以冷却量子比特。我们称这种策略为算法冷却。

想象一组量子比特，它们刚刚被用来对一个大数 9824783 进行素数分解。单个量子比特可能含有熵，正如草稿纸的一角可能有铅笔涂鸦痕迹。有些量子比特可能共享纠缠，有些可能共享经典的相关性。我们可以设计一个电路，将熵推入几个量子比特里。这几个量子比特可以当作垃圾桶（就像奥德丽那样称呼它），剩菜剩饭都倒在它的里面。其余的量子比特全部重置为指向上方，好像洗干净的碗筷。

这种策略与一次性热力学的配合默契，下一步的计算将利用我们已经清理好的量子比特。如果我们不介意下一次计算有 0.1% 的失败概率，这样清理后的量子比特只需要大部分指向上方即可。我们可以大致清理更多的量子比特而不是将其完全清理干净。通过牺牲一点下一次计算的成功概率，我们可以清理出更多的量子比特。

下面举一个经典例子来说明算法冷却。这个算法既可以重置经典比特，又可以重置量子比特。假设奥德丽有一个比特，巴克斯特有另一个比特。这两个比特总是有相同的值，共享经典的相关性。这对组合有 50% 的概率为 00，50% 的概率为 11。

有一种逻辑运算称为"受控非"。它是这样操作的：如果奥德丽的比特为 0，则巴克斯特的比特不变；如果奥德丽的比特为 1，则翻转巴克斯特的比特，交换它们的值。我们将此翻转称为非操作，因为通常 0 代表"是"，而 1 代表"否"。"非是"即"否"，"非否"即"是"。

要了解"受控非"，可以想象奥德丽和巴克斯特拜访叔叔休厄尔勋爵的场景。第一天早上，勋爵的管家问姐弟俩晚餐时是否想喝汤，他俩都不那么喜欢喝汤。巴克斯特作为弟弟，用眼睛看着姐姐，决定姐姐说什么他就说什么。所以，他俩的回答要么都是 0（是的，我俩都想喝汤），要么都是 1（不，谢谢，我俩都不想喝汤）。奥德丽支支吾吾，一半情况下说想喝汤，一半情况下说不想喝汤。这些比特为 00 的概率为 50%，为 11 的概率为 50%。晚餐前 10 分钟，管家让他俩确认选择。奥德丽表示主意不变。如果她仍然同意喝汤（如果她的比特仍然是 0），巴克斯特就也同意（他的比特仍然是 0）。如果奥德丽改主意不喝汤了（她的比特变成 1），巴克斯特也将赶紧把自己的主意改成不喝汤（他把他的比特从 0 翻转到 1）。"受控非"有条件地否定巴克斯特的选择，这取决于奥德丽的选择。

让我们忘了喝汤的事，仔细看一看"受控非"对比特做了什么操作。首先，假设这些比特在开始的时候是 00。由于奥德丽持有 0，因此该操作对巴克斯特的比特没有任何影响。姐弟俩的比特在结束的时候是 00。其次，假设比特在开始的时候是 11。由于奥德丽持有 1，因此巴克斯特的比特从 1 翻转为 0。姐弟俩的比特在结束的时候是 10。

在这两种情况下，巴克斯特的比特都以 0 收场，他的比特已被重置。下一次姐弟俩进行计算时，可以用他的比特作为草稿纸。但奥德丽的比特有 50% 的概率为 0，50% 的概率为 1。这种概率分布的熵最大。所以，奥德丽最后拿着一张有很多字迹的草稿纸，她把它扔进垃圾桶里，注销了自己的比特，作为擦除巴克斯特的比特的代价。

在这个例子中，巴克斯特的比特最终是干净的，但并非在所有的例子中都是这样。为什么？这两个比特可能在刚开始时不太相关，或者服从的概率分布不是 50%-50%。姐弟俩可能只部分重置了巴克斯特的比特，就像洗盘子时没用洗涤剂。

可以用一个热浴。假设奥德丽和巴克斯特有许多量子比特和一个浴。浴比较冷，但他们的量子比特需要比这更冷：用这个浴对所有的量子比特进行热化，将部分擦除各个量子比特，每个量子比特都会释放自己的一些能量和熵到浴中，但是，各个量子比特释放的能量和熵都不够多，不足以进行下一次计算；各个量子比特都不能完全指向上方。

姐弟俩避开这个陷阱，他们利用浴的低温，对算法里的若干步骤进行反复操作。首先，他们对量子比特执行类似于"受控非"的操作。这一步操作将大部分量子比特的能量和熵转移到几个垃圾量子比特中，其余量子比特接近量子态 0，但没有达到期望的程度。其次，奥德丽和巴克斯特用这个浴热化这个几个垃圾量子比特，部分清空了垃圾桶，它们可以接收来自量子比特的能量和熵了。这些量子比特在执行下一次逻辑操作时可以接收同伴的更多能量和熵。

姐弟俩执行逻辑操作，清空垃圾桶，再执行逻辑操作，再清空垃圾桶……何时停下来取决于他们要求量子比特有多冷，以及量子比特可以达到多冷。如果姐弟俩做得好，清洗干净的量子比特会变得比浴更冷。冷到什么程度，取决于量子比特的数量、浴的温度以及姐弟俩执行哪种逻辑操作。

这个冷却过程依靠逻辑门，故此得名"算法冷却"。算法冷却已从理论发展到实验。许多实验涉及分子，这些分子中的原子核含有自旋，可用作量子比特。第 3 章曾提到实验者可以用磁体操纵这些量子比特。

算法冷却的量子化程度有多高？对这个问题的回答类似于回答"脉泽热机运作的量子化程度有多高"这个问题。与量子发动机一样，冷却后的量子比特有量子化的能量，也就是有离散的能量阶梯。但是，脉泽热机不需要纠缠也可以运行。同样，大多数算法冷却也不涉及纠缠。我们通过一个经典例子看到了奥德丽和巴克斯特用算法的方式冷却一个比特。算法冷却可以为下一步涉及纠缠的量子计算准备好量子比特。

{ 不确定性关系，第二版 }

我以前从没看过流星雨，从未目睹过那一道道星光划过天鹅绒般夜幕的壮观景象。一道又一道星光仿佛灯光秀，我陶醉在其中，直到夜晚的寒意侵入毛毯，眼睛干涩。我可以想象观看流星雨的感觉。我想这种感觉就像眼睁睁地看着一个新的科学领域被发现、合并并获得前进的动力。"热力学不确定性关系"就是这样的一个领域。在过去的几年里，这个新领域被发现和合并，现在正像流星雨划过统计力学的天空。

前面已经多次讲到量子不确定性原理。量子不确定性表明量子系统的位置越确定，动量就越不确定。量子不确定性起源于表示量子可观测量的超数字不一定可交换，正如第12章中所介绍的。不同的起源导致热力学不确定性关系。热力学不确定性关系支配着经典系统，也支配着某些量子系统。

热力学不确定性关系与量子不确定性关系在结构上部分相似：量子不确定性关系是一个不等式，表明一个数至少与另一个数一样大。这个不等式的一侧是（比如）粒子的位置和动量的不确定性，另一侧有一个大于0的数。类似地，热力学不确定性关系也是一个不等式。我们可以通过一个故事理解这个不等式的两边是什么。

我们曾多次想象过给定两个温度不同的浴的情况。例如，给定一个热浴和一个冷浴，我们就可以通过一个发动机提取功。能量从热浴流向冷浴，发动机可以利用这个能量流获取一部分能量。一个浴中的粒子浓度可能比另一个浴中的粒子浓度更高，或者电荷浓度更高。粒子和电荷可以在两个浴之间流动。无论什么（如热量、粒子、电荷等）在流动，都会形成流（如热流、粒子流、电流等）。

支配以上这些类型的流动的是热力学不确定性关系。我们将目光聚焦于粒子流，因为粒子流更容易可视化。假设奥德丽有一个高浓度的浴，而巴克斯特有一个低浓度的浴（见图 13.2）。

图 13.2

由于粒子浓度差，粒子倾向于从奥德丽的浴流向巴克斯特的浴。但生命之旅很少是一帆风顺的，人类是这样，热力学粒子也是这样。粒子随机运动。有些粒子立即开始旅行，有些懒洋洋地不想动身。有些粒子从奥德丽的浴流入巴克斯特的浴，然后又返回来了。因此，粒子流每秒都在变化。

可预测性对我们有好处。例如，考虑一下伦敦眼，这是一个坐落在伦敦泰晤士河畔、高达 135 米的观景摩天轮，它由电力驱动。假设摩天轮带着你向上转动，冲向天空。你到达顶端，俯瞰脚下的大都市伦敦，突然感到脚下一阵颤抖，然后又是一阵颤抖。

"对不起，为给你带来的不适，我们深表歉意。"对讲机里传来一个声音，"我们的电力出现了波动。"

接下来的旅程可能会一帆风顺，但你也有可能原路返回，或被一阵突然的颠簸甩出去。

这个故事说明了电流稳定的好处。当然，我们没有准确地描绘伦敦眼。如果伦敦眼的运行存在这么大的安全隐患，当局不可能批准它运行。此外，伦敦眼需要的电流很大，以至于小的电流波动没人会注意到。我们身体的细胞中也有电流流入和流出，这么小的电流只要有一点点波动，影响就会很大。根据热力学不确定性关系，波动不能太小。这个不等式为电流的不确定性设置了一个下限，正如上述的不等式为量子不确定性设置了下限一样。

电流波动的下限取决于熵。每当浴获得粒子时，熵就增加了。增加的熵取决于获得的粒子数量、浴里的粒子浓度和浴的温度。耗散的熵越大，电流的波动就越不必要。

为什么？想象电流是一车萝卜，一位年轻的农民正推着这车萝卜过一座桥。一个脾气暴躁的老官员正监视着这座桥，他收过路费，农民可以用熵支付。农民带的萝卜偶尔太少，官员抱怨道："我的人民将遭受苦难，每家每户不得不喝着无味的汤，吃着薄薄的蔬菜馅饼。"考虑到可能的困难时期，官员要求收取额外的费用。其他日子，农夫带的萝卜太多，官员又抱怨道："我的人民用这么多萝卜做什么，填补墙上的窟窿吗？"官员要收取罚款。

萝卜交付量与平均水平的偏差越大，官员向农民收取的费用（熵）就越多。因此，大多数日子，农民在接近平均水平的地方分裂。萝卜和费用的故事正是粒子和熵的故事。

热力学不确定性关系正在划过统计力学的天空，原因与几年前涨落关系划过统计力学的天空相似。热力学不确定性关系将法律和秩序带到远离平衡态的狂野西部。这些关系经受住了考验，支配着各种不同场景。

比如，分子发动机是一个场景。分子发动机沿着生物细胞支架拖运货物，这种发动机的运行效率可以达到什么水平？热力学第二定律对此几乎不能提供任何洞察，仅暗示效率不可能那么完美。热力学不确定性关系对这个效率加了更严格的约束。这个约束很有用，因为它有助于预测这种分子发动机的运作。

此外，如果有能力违反这个约束，那将很有用：我们能实现的效率比约束允许的更高，也就是说我们能够将任何数量的热转化为比预期更多的功。有些量子系统违反热力学不确定性关系对发动机效率的约束，我们不需要为此感到惊讶，因为每个结论都是建立在某些预设之上的。我们推导出热力学不确定性关系是有假设的，假设了粒子以什么方式在浴之间流动。并非所有粒子都按照规则流动。我们不仅可以预测某些系统会违反约束，还可以识别出哪些系统会违反约束，为什么以及如何做到。识别出这些有助于我们设计发动机，发动机可能由量子点（也就是人造原子）制成，以满足我们的需求。进一步地，物理学家为量子系统量身定制了新的热力学不确定性关系。

{ 快，但浪费要少 }

我们量子热力学家有一个不好的名声：慢腾腾地拖后腿。并不是说我们总是挡路或计算得太慢，而是因为我们喜欢慢协议。回忆一下卡诺热机，它只有运行得无限缓慢时才可能以最高的效率运行。再举一例，第 5 章介绍过兰道尔原理：擦除一个比特至少要消耗 1 西拉德功。加速会消耗更多的功，这部分功以热量形式散发出去。

以上仅以经典成本为例，量子物理学引入的成本更多。例如，考虑一个原子，这个原子位于次低能级，我们可能需要让原子保持在这个能级上不变，同时打开电场。可以通过将正电荷和负电荷引入原子附近打开电场，但也可以想象通过转动转盘打开电场，就像转动汽车收音机的旋钮调节音量一样。转动转盘会改变能级：有些能级向上移动，有些能级向下移动。有些能级可能会断开，与其他能级进行部分交换，然后再粘在一起（见图 13.3）。如果非常缓慢地打开电场，原子将保留在次低能级上不变。这种缓慢调整称为"量子绝热"。

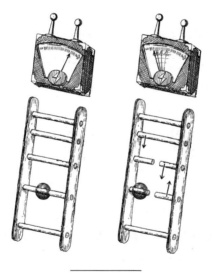

图 13.3

快速调整会将原子从一个能级推到许多能级的叠加态上。叠加态比一个能级更复杂，所以我们制造了混乱，这可能会搞砸我们的实验。此外，叠加能级里有比原始能级更高的能级，让原子在更高能级上消耗能量。我们必须为此做功（或进行热交换，取决于量子热和功的定义）。在热力学中，尤其是在量子热力学中，仓促反而会造成浪费，欲速则不达。

欲速则不达，至少通常是这样。要避开这一点，我们可以使用"绝热捷径"。捷径类似于护目镜（蒸汽朋克迷的必备道具），可以改变我们的视线，让注意力集中在调整能级的以下两个要求上。首先，原子必须从第二能级开始变化，没有电场存在。其次，原子必须以处于第二能级结束，有电场存在。除此之外，做任何事情都可以。我们一直假设我们必须平稳地打开电场，但通向目的地的路径有多条。

例如，我们可以走曲线，先大力加强电场，再减弱一点，然后以更大的力度加强电场，再减弱一点，直到达到所需强度。我们也可以加入更多的中间环节。例如，假设电场结束时必须指向上方：负电荷必须位于原子上方，而正电荷必须位于原子下方。我们可以加一个指向侧面的电场，即在一侧加负电荷，而在另一侧加正电荷。我们也可以放置磁体，或加入更多的原子，让它们与第一个原子交互。但在操作结束前，必须移除那些额外的电荷、磁体和原子。这些证明我们的工具箱包含的工具不止一种。

这些工具可能将原子"拧"出第二能级，将它们送到较高或较低的能级，或者送入叠加态。如果飞速替换掉第二能级的原子，则会怎样呢？把原子想象成一个小男孩，他的母亲派他去拜访住在村北的姨妈。小男孩骑上自行车向北走，半路上被一个老巫婆拦住。她身穿烧焦了的格子夹克，戴着护目镜，顶着凌乱的白发。老巫婆发明了一种火箭助推器让小男孩试用，但这个火箭助推器很古怪，和它的发明人一样，不能向正东、正西、正南或正北推进，只能斜着向东北或西北方向推进。小男孩同意了，老巫婆将助推器捆绑在他的自行车上。小男孩向东北方向飞去，然后向西北方向飞去，再向东北方向飞去，以此类推。小男孩避开通往目的地的直线路径，但他到达目的地了，用的时间比走直线路径的时间要短。

绝热捷径就像火箭助推器一样，拒绝沿着正南或正北方向推进。拜访不同的姨妈需要不同的助推器，这会将我们拖入不同的深沟和泥沼。通常我们可以设计助推器和一条路径，让它们把我们带到任一指定的姨妈那里。

火箭助推器消耗能量，绝热捷径也会消耗功。消耗多少功取决于我们选择哪种量子热和功的定义。我们探索捷径的部分原因是希望通过一个发动机快速提取功。如果一条捷径需要消耗功，而我们为了提取功而消耗功，为什么非要用捷径呢？首先，功和时间的相对价值是主观的。也许为了提取更多的功，我们愿意消耗一些功，只要我们很快回到平衡态就行。提取的功是否多于消耗的功仍然存在争议，部分原因是定义量子功比较麻烦。随着对各种捷径的研究继续进行，捷径的成本可能会日益降低，而它提供的好处日益增多。

其次，热力学机器除了热机以外还有其他的，例如冰箱和热泵。使用这样的机器，我们不是为了提取功，而是将热量传递到一个公寓里，使公寓里面既不太冷又不太热。传递热量需要做功，因此如果我们使用热泵，就表示已经愿意支付能源使用费了。我们可能不介意投入更多的功来加速供暖。

绝热捷径不仅有利于量子发动机，也有利于其他技术。例如，一些量子计算机要求量子比特在其能级发生变化时保持在最低能级。捷径可以让我们免受转动相关旋钮的速度太慢所带来的痛苦。有了不受退相干影响的量子比特，不仅这些量子计算机会受益，而且所有类型的量子计算机都会受益。计算持续的时间越长，量子比特与周围环境纠缠的时间就越长。捷径可以加速计算，保持量子位的与世隔绝状态。此外，捷径有利于量子通信和量子计量学的发展。因此，量子热力学家在更广阔的科学领域内研究捷径。一个老巫婆发明了火箭助推器之后，整村人都会受益。

{ 龙卷风之旅 }

我第一次访问英国时，母亲和我预订了一天的旅游大巴。早上，我们从伦敦出发，参观了温莎城堡、巨石阵和牛津大学，天黑才回到伦敦。几年后，我开始爱上牛津大学，在牛津逗留了几个月。但第一次去牛津时我们没有太多的时间，母亲和我只在牛津参观了半个下午。亲爱的读者，量子蒸汽朋克地图上最后只剩下几个城邦没有参观，但我只有几页纸的篇幅来描写，我们的旋风之旅将以龙卷风结束。

量子物理学与经典物理学有何区别？区别不是叠加态，因为经典的波也可以处于叠加态。区别也不是离散性，因为经典系统也可以近似离散。如果你猜它们的区别是熵，就走在了正确的轨道上：一个量子系统与另一个系统发生纠缠时有冯·诺依曼熵，而纠缠是非经典的。但量子物理学还有一个属性：纠缠能够使计算加快！这个属性至少在某些情形下被称为"语境性"（contextuality[1]）。

---

① "contextuality"的意思是"语境性"或"上下文相关性"，就是与背景强相关。——译者

每个实验都发生在某种背景下：海报贴在实验室的墙壁上，一支掉下来的铅笔躺在门边的地上，一个实验人员穿着祖母为她织的一件灰色羊毛衫。这些背景大部分似乎与实验结果无关。我们根据日常经验认为某些背景的某些因素与实验不相关，但在量子物理学中它们是相关的。这里的背景因素不是掉在地上的铅笔和羊毛衫，而是对应的量子对象。因此，我们说量子物理学是"语境性"的，而经典物理学是"非语境性"的。

很难证明某些物理现象是非经典的，意思是任何经典系统不可能模拟这种现象。但如果你能证明这种现象是语境性的，就完成任务了。哪些量子热力学行为是语境性的（可证明是非经典的），哪些不是？物理学家正在通过寻找测量和提取功的协议中有无语境关联回答这个问题。

好，现在让我们回到旅游大巴上，或者说既然我们在调查量子蒸汽朋克，就让我们回到蒸汽动力汽车上。我们将离开温莎城堡，前往巨石阵。本书里的"巨石阵"是指现实的热浴。传统热力学自始至终对浴的属性有一些预设，首先假设它无限大。这一假设无处不在，甚至渗透到资源理论中。资源理论为一次性热力学的发展做出了不小的贡献，一次性热力学是小系统的冠军。我们假设一个系统的环境是大大小小的浴。

其次，我们假设热浴的记忆短暂。考虑一个小系统，比如只有几个量子比特，它与一个浴进行热交换。当能量在浴和量子比特之间传递时，有关这个量子比特的量子态的信息就会进入浴。游泳者会被大海卷走，而大海如此浩瀚，游泳者几乎没有机会被冲回岸上。同样，浴是如此之大，信息几乎没有机会返回量子比特。信息进入浴后就丢失了，所以我们说浴没有记忆。最后，浴与量子比特只存在很弱的相互作用，交换大量能量需要很长时间。

并非所有的浴都满足这些假设。如果浴很小，它就可以把游泳者送回岸上。浴可以作为一种资源，量子比特可以避免热化，因擦除而消耗的功可能比兰道尔预测的要少。

好，现在旅游大巴将把我们从巨石阵带到牛津，让我们讨论下一个话题——量子温度计。热力学第零定律暗示了温度计的存在，就是说如果巴克斯特手里拿的勺子与奥德丽的杏仁布丁处于热平衡态，与卡斯皮安吃的英式咖喱菜也处于热平衡态，那么奥德丽的杏仁布丁和卡斯皮安的英式咖喱菜就处于热平衡态。如果小伙伴们知道卡斯皮安的英式咖喱菜的温度，就可以推断出奥德丽的杏仁布丁的温度。巴克斯特的勺子充当了温度计。温度计检测温度并报告检测结果，正如我在童年时将棒棒糖放在舌头下面时感到的。

在日常情况下，比如确定发烧的孩子是否应该留在家里而不去学校，我们既不需要高精度温度计也不需要微型温度计，既不需要量子理论也不需要对不同程度的低温做更细致的区分。想象你是研究胚胎发育的，胚胎发育依赖温度。你可能需要检测微小的温度差异。或者想象测量一个量子系统的温度。

量子热力学家研究量子现象对温度测量的效应及其可能带来的挑战和益处。比如，热力学第零定律可能需要重新表述。在传统热力学中，巴克斯特的勺子分别与奥德丽的杏仁布丁和卡斯皮安的英式咖喱菜达到热平衡。即使只是接近热平衡，也需要很长时间。时间一长，量子系统就会发生退相干。因此，量子温度计可能没时间与量子系统达到热平衡。

另一个挑战源于测量如何干扰量子系统。一次测量提取的信息越多，对量子系统的干扰就越大。

量子温度计的优点是纠缠的能力。制备一个处于纠缠态的温度计可以提高测量精度。或者假设你的温度计只有一个量子比特，如果把它制备为能量叠加态，它就可以更好地检测温度。虽然经典的波可以处于叠加态，但我们在童年时爱吃的棒棒糖不能。

欢迎回到伦敦。我们已经完成了访问温莎城堡、巨石阵和牛津的龙卷风之旅，以及量子蒸汽朋克地图上的旋风之旅。但奥德丽、巴克斯特和卡斯皮安的旅行并没有结束，我们的旅行也没有结束。几个世纪前，探险家曾经担心，如果漫游到边界线以外很远的地方，会不会就到了地球的边缘，从此永远离开了地球？下面让我们跳出我们的地图，看一看他们所说的最糟糕的情形。

第14章

走出地图的局限

量子蒸汽朋克跨出边界

一　股灰色浓烟从东方升起，仿佛是从刚用完晚餐的巨人的烟斗里冒出来的。

"阿克拉姆的信号。"卡斯皮安低声说。尽管他花了很大力气，但奥德丽连一个字也听不见。卡斯皮安使劲压抑自己的痛苦。"尤尔特在一小时内就会到。"他说。

卡斯皮安躺在地图旁边的泥地上，胸部缠着一条绷带，绷带是从奥德丽的衬衣上撕下来的。奥德丽和巴克斯特跪在地图上，地图四角压着三块石头和一个脏兮兮的皮革水袋。好几分钟过去了，巴克斯特一直死死地盯着地图，手里摆弄着瑞士军刀。听到卡斯皮安的话，巴克斯特从刀套中拔出军刀，扎进泥土里。

"不可能在这儿！"他说着又扎了一刀，"我们到处找，但什么也没找到，所以它不可能存在。见鬼了，我们一直在追一个鬼！"每说一个重音，他就往泥地里扎一刀。

奥德丽的眼睛一直盯着地图边缘画着的嬉戏的独角鲸。当巴克斯特把刀套扔到地上时，她抬头看了一眼，正要警告他，突然发现被军刀刺破的泥土后面有一个山谷，山谷边缘是一片看起来扭扭曲曲的、硬邦邦的灌木丛。她看见巴克斯特和卡斯皮安的脚之间的一堆小树枝上布满这种灌木。卡斯皮安的头枕在卷起的斗篷上，斗篷旁边是一个小沙丘，小沙丘后面远远的地方矗立着一座小山，像一个酒足饭饱的巨人的肚子。奥德丽将目光从山丘上转回到卡斯皮安身上。他的眼睛一直盯着她。

"接着说。"他低声说。卡斯皮安总能察觉出她马上要做什么。

奥德丽凝视着他的眼睛，强忍着马上跳起来逃跑的冲动。她太想赶快跑回家，家里很安全，可以在父母的图书室的窗户下舒舒服服地读书。她把手从地图上伸过去，拿起军刀。

"向后退。"她告诉巴克斯特，然后在沙地上画了起来。她在羊皮纸地图周围画了一个大圈，把泥土上的刀痕、树枝堆和小沙丘都包括了进去。

"确实。"奥德丽收起军刀，冷静地说，"不可能在这里，尤尔特来到这里时，我们也不会在这里了。这张羊皮纸地图并不是全部。"她将一只手放在地图上，抬头看着巴克斯特。"因此，我们要离开此地，发明新东西。我们要走出地图。"

我们已经遍历了整个量子热力学地图，从城镇走到海岸，从海岸走到沙漠，再走到岛屿，从量子发动机到涨落关系，到资源理论，再到量子温度测量。下一步该往哪里走？我相信量子热力学的下一个前沿在当前量子热力学的研究领域之外。我们的学科与其他研究量子物理学、信息论和能量的科研人员所从事的研究（包括化学、凝聚态物理学、粒子物理学、量子引力、生物物理学和宇宙学等）相连。我们应该走出学科边界拜访我们的邻居。也许他们遇到的问题是我们能够解决的，也许他们已经有了一些我们可以利用的工具。量子蒸汽朋克地图并不局限于描绘量子热力学的羊皮纸地图内部。

好几年前，量子信息科学家就得出过类似的结论。当我准备开始攻读博士学位时，一位资深的物理学家问我打算研究哪个课题。我回答说："量子信息论。"他说："那个领域不是已经消失了吗？"

过去20年来，科学家已经解决了量子信息论的许多问题。在这片已播种的土地上，我应该从哪里开始呢？这个领域当时正展现新的一章：科学家正在向外输出量子信息的数学、概念和实验工具包。几乎没有多少关于熵、纠缠和资源的定理需要证明。在这种情况下，科研人员正在研究自然界和人造材料中的熵、纠缠和资源。量子信息工具包解决了凝聚态物理学、计算机科学、数学、化学、粒子物理学和量子引力的有关问题，当然还有热力学的发现。量子热力学现在可以"传播花粉"，正如当年的量子信息论一样。

"跨学科"是个时髦词，许多机构想培育它，有些人向它投钱，有些人声称支持它。我走访过大约50家研究机构。根据我的经验，这种做法不大靠谱。当被问到有没有跨学科合作的经历，人们经常闪烁其词地回答说他们"希望"有更多的合作。在少数几个研究单位中，我不必问这个问题。我在物理系看见化学家，发现论文是由物理学家和工程师共同撰写的，也听说有人在与数学家合作。交叉学科就像独角兽，你只能在很少的地方看到它。

我可以理解为什么我自己是一个跨学科的人。我很少在量子计算领域花时间，常常肩背量子信息热力学工具包，徒步穿越原子物理学的原野，跨越化学的海洋，或驾车在凝聚态物理学这个大都市的车流中穿梭。对于正在讨论的话题，我知道的通常比房间里的其他人少。对其他人来说，一个跨学科的人听起来像是昨天才出生的新生儿。如果他们不介意，我们当然可以一起发现点什么。

前面介绍了 3 个这类发现。首先，凝聚态物质与量子发动机结合诞生了 MBL 发动机。这种量子发动机得益于量子物质的两个有差异的相态，其中一个是热相，另一个不是。

其次，量子热力学与化学结合有助于我们对自然界和技术中普遍存在分子开关的洞察。这是一种光致同分异构体，如果用光照射它，则分子有机会切换自己的配置。分子开关的切换概率是多大？用资源理论对光致同分异构体进行建模，指引我们发现了一个关于切换概率的普适的、有热力学风格的上限，而资源理论是从量子热力学发展起来的一个数学模型。

最后，小尺度系统和大浴可以交换热量、粒子、电荷以及用超数字表示的东西，这些东西彼此不能互易。量子热力学关于非互易的东西已经产生了抽象的信息论洞察。将不能互易的东西与原子物理学结合起来，揭示了我们如何在实验室里操纵这些东西。我的研究小组正在将桥梁延伸到凝聚态物质和粒子物理学。

我不是唯一跨学科的量子热力学家。我很庆幸自己有机会与研究凝聚态物理学、原子与光物理学、量子引力的合作者一起工作。下面让我们再一次越界，进入黑洞这个研究领域。

{ 唯一含有感叹号的课程名称 }

银河系中心有一个黑洞，它是宇宙中密度最大的物体之一。关于黑洞的密度，正如美国国家航空航天局解释的，可以"想象把一颗质量比太阳大 10 倍的恒星塞进一个直径大约相当于纽约市的球里"。尽管从人的角度看，纽约市很大，但对于比太阳还大的质量来说，它太小了。因此，黑洞可能表现出量子行为。

一个黑洞对附近物质的引力大得不得了。如果进入黑洞，你别指望逃出来，即使光也无法逃脱。不发光的物体看起来是黑的，这就是"黑洞"这个名字的由来。

在某种意义上，黑洞向外辐射光。这是剑桥大学物理学家霍金在 1975 年得出的结论。根据粒子物理学，光子可以成对突然出现和突然消失。想象一下，两个光子在黑洞附近突然出现。一个可能逃逸，另一个落入黑洞。物质在黑洞附近的物理行为很古怪，逃逸的粒子携带的能量比我们预期的多一点。第二个粒子作为补偿（为了保持总能量不变），携带少量负能量进入黑洞。因此，这个黑洞的能量减少。

逃逸的粒子处于我们熟知的量子态，这些粒子看起来好像与某些热浴达到了热平衡。如果黑洞处于高温状态（热态），则热态具有高熵。不管我们以何种方式测量粒子，结果几乎都是完全随机的。粒子几乎不携带信息。

假设奥德丽把一个日记本扔进黑洞。她在日记本里写下了一个秘密，并且不想让巴克斯特知道这个秘密。她推断，把这个秘密保存在黑洞中很安全，因为没有任何东西可以从黑洞中逃脱。

但我们看到，光子在某种意义上能逃脱。巴克斯特在黑洞收缩时收集光子。（他需要等待的时间远比他的一辈子长，但我们现在不理会这种不便。）黑洞可能会一直收缩到消失。奥德丽的日记本里的那些信息发生了什么？许多物理学家认为信息不会消失。信息只是耗散掉了，像一条河流不停地分岔，变成越来越多的小河，然后变成小溪，再变成细流。你可能争辩道："我用橡皮擦掉铅笔印迹，信息就没有了！"但信息仍保留在橡皮碎屑里，也保留在擦铅笔印迹的手置换掉空气分子的位置信息里。奥德丽的秘密到哪里去了？它不在黑洞里，黑洞已经不存在了。巴克斯特的光子是完全随机的，几乎不包含任何信息。

这就是黑洞信息悖论。几十年来，关于它的研究断断续续，有一点进展，然后停滞不前。过去的几年中，在量子信息论的推动下，黑洞研究取得了一些进展。那么，当奥德丽将她的日记本扔进黑洞时，会发生什么？

把黑洞想象成一个致密的量子粒子团簇——像纽约市那么大，再想象这个黑洞被奥德丽的日记本击中，日记本表现为一个量子比特（假设奥德丽的秘密很小）。日记本将一点量子信息注入团簇，信息迅速传遍整个团簇。奥德丽的秘密最终分布在所有粒子中，分布在它们共享的纠缠里。想象试着通过用探测器测量粒子的办法探知这个秘密。现实的探测器往往一次只能探测几个粒子。对任何一小撮粒子的测量都无法揭开奥德丽的秘密。秘密并不存在于这一小撮、那一小撮或所有粒子的总和里。秘密隐藏在这些粒子的关系里，隐藏在跨越许多粒子的纠缠里。我们说这时信息已经被"扰乱"了，或者说那些粒子已经被扰乱了，或者说粒子的状态已经被扰乱了。

扰乱严重搅动了黑洞物理学和量子计算领域。阿列克谢·基塔耶夫是一位研究量子计算的物理学家，我曾担任过他的助教。他在2015年掀起了这股热潮。他确定了一个表明粒子是否被扰乱的数字。如果这个数字小，我们就预测信息还没有散布在多粒子纠缠中；如果这个数字大，我们就预测信息已经散布在多粒子纠缠中。这个数字有一个很长的名称：超时序相关器（the out-of-time-ordered correlator，OTOC），听起来很生硬。这里我用另一个名字"加扰信号"（the scrambling signal）称呼它。加扰信号将加扰与混沌关联起来。"混沌"不是指一家子出门度假的前一天晚上乱糟糟的样子。混沌是一个物理和数学领域。我在读本科时，我所在的大学数学系开设了一门关于混沌的课程，那门课程的名称非常独特，带有一个感叹号，即"混沌！"。

假设奥德丽有一个双摆，双摆有两个摆，上摆悬挂在钟面上，下摆悬挂在上摆的下方（见图14.1）。奥德丽将下摆拉到一侧，然后松手，双摆像空中飞人一样摆动。奥德丽等了一会儿，然后开始用高速相机对着双摆进行拍摄。她用的是维多利亚时代的蒸汽朋克小说里才有的那种高速相机。

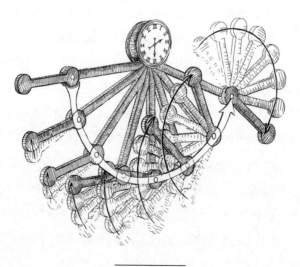

图 14.1

想象巴克斯特也有一个这样的双摆，他开始时拉起的高度只比奥德丽的高一点点，只高出一根头发丝的距离。他让双摆摆动起来，等了与奥德丽相同的时间，然后拍摄他的双摆。让我们比较这两张照片。巴克斯特的双摆的构型可能与奥德丽的完全不同，巴克斯特的双摆的摆动速度也可能与奥德丽的不同，方向也不同。也就是说，初始条件略微改变一点点，双摆的运动就会大大不同。这种对初始条件的敏感性正是混沌的特征。

经典系统里有混沌，量子系统里也有。经典的混沌系统包括天气系统。气象学家爱德华·洛伦茨用"蝴蝶效应"这个词描述"对初始条件的敏感性"。他说，一只蝴蝶在巴西拍打翅膀可能在得克萨斯引起龙卷风。量子系统表现出的敏感性不如天气系统那么直接，因为它们遵循不同的方程。前者遵循量子理论，而不是经典力学。因此，检测量子系统对初始条件的敏感性很棘手，而加扰信号提供了这样的一个检测器。

阿列克谢·基塔耶夫在他的办公室中的白板上亲自教我如何利用加扰。当时我们正在规划量子计算课程的最后一个学期。他在纠结是讲黑洞、一个数学问题还是讲量子计算机的一个应用。我投票给黑洞，所以他为全班学生介绍了一下黑洞。随后，一个想法冒了出来：加扰属于量子热力学。

{ 自己动手做 }

我产生了一种感觉，应该用加扰来完成一件事情，但我想不出来是什么事情。我去拜访我的博士研究生导师，我们讨论了各种想法。大约半小时后，他说了一句话："嗯，你对涨落关系感兴趣，对吧？"这句话改变了我的研究和一生，又一个想法从我的脑海中冒了出来。

涨落关系类似于热力学第二定律，支配着信息的扩散和消散。量子信息是在加扰过程中通过纠缠扩散和消散的。此外，涨落关系比较了正向演化过程与其反演过程，克鲁克斯定理控制着 DNA 分子的双链结构的拉伸和塌缩。加扰信号也是这样，既编码了沿着时间之箭向前的运动，也编码了向后的运动。

要理解这是怎么回事，让我们回到巴克斯特的双摆上。像奥德丽一样，巴克斯特把双摆拉到右边，但他的双摆的位置比她的双摆的位置高出一根头发丝的距离。巴克斯特松开双摆，让它摆动一会儿，然后在约定的时间让它停下来。想象他让时间倒流，好像回放视频一样。当然，巴克斯特实际上不可能让时间倒流，但他可以用实验近似模拟。除此之外，巴克斯特还可以写下表示时间倒流的数学公式。所以，我们假设他可以在实验室中让时间倒流。双摆停在巴克斯特开始的地方（见图 14.2 的左侧）。

现在，让我们回到奥德丽的双摆上。她尽量把它向右拉，让它摆动了一会儿，然后停下来。奥德丽现在将双摆向右再拉一根头发那么远的距离。现在，奥德丽逆转时间，让双摆逆着时间流逝的方向摆动。你可能会想奥德丽的双摆停下来的地方正好在巴克斯特的双摆停下来的地方，对吗？巴克斯特轻轻推了一下他的双摆，奥德丽也轻轻推了一下她的双摆，只是在不同的时间。但奥德丽的双摆的混沌运动放大了她轻推的效应。奥德丽的双摆可能与巴克斯特的双摆完全不同，如位置不同，动量也不同（见图 14.2 的右侧）。

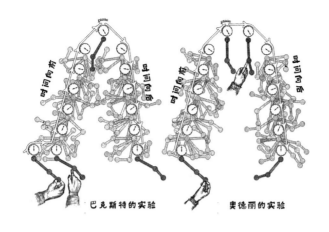

图 14.2

在有混沌存在的情况下，先推一下，再向前和向后演化，与先向前演化，然后推一下，再向后演化的结局是截然不同的。正如讲故事的人常常警告我们，小心你到底想要什么。混沌也教训我们，轻推的时候要小心。混沌将微小的差异放大为不同的生命路径。通过研究时间倒流，我们可以检测到这样的分岔，因此可以检测混沌。

奥德丽和巴克斯特的双摆是经典的摆，量子系统也可以讲类似的故事。加扰信号记录了一个模拟信号，这个信号模拟了最终奥德丽的双摆离巴克斯特的双摆有多远。因此，加扰与时间倒流交织，好像涨落关系一样。加扰和涨落关系的感觉很类似，我想它俩一定有某种关联。

我发现了二者如何关联。

我决定证明含有加扰信号的涨落关系。接下来的那个周末，我坐在书桌前，不停地在草稿纸上写啊算啊，写了擦，擦了再写。4 天之内，我证明了自己感兴趣的事情。通过我的博士研究生导师的反馈和修正，我证明了他感兴趣的事情。加扰的涨落关系启动了扰动和量子热力学的整合。从那以后，二者的联系越来越紧密。涨落关系还启动了一项研究计划，将我带到量子热力学之外，进入黑洞、超导量子比特、测量理论、概率论和计量学领域。

加了微扰的涨落关系与贾辛斯基恒等式有相似的形式。贾辛斯基恒等式的一侧是一个对我们有用的、我们想测量的东西——玻尔兹曼能差，另一侧是我们可以测量的东西，即下次实验解开 DNA 分子的双链结构需要消耗的功为 W 的概率。类似地，加扰恒等式的一侧是一个对我们有用的、我们想测量的东西——加扰信号，另一侧是我们可以测量的东西——一个对应于量子的相当于概率的东西。稍后，我将解释这个量子版的概率。现在你可以暂且发挥想象力，想象自己可以测量这个类似于概率的东西。加扰恒等式的右侧甚至与贾辛斯基恒等式的右侧有相似的数学结构。

贾辛斯基恒等式有用，部分原因是它提供了一种测量玻尔兹曼能差的方法，否则很难测量玻尔兹曼能差。加扰信号同样很难测量，它不是我们可以直接测量的可观测量，也不是可以从多次实验得到的数据中推导出来的概率。如何测量加扰信号远非显而易见，到目前为止，大约只出现了 3 种方案。在一位朋友的帮助下，我发现了另一种方案。

回想一下，在我们定义量子热和功的动物园里，弱测量构成了量子功的蜂鸟定义。我的对加扰的弱测量方案刚好与量子功的弱测量很像。加扰恒等式不涉及功，但功是一个可以在实验中测量的随机数，一个在多次实验中波动的数字。加扰恒等式同样涉及一个随机数，你可以在我提出的实验中测量它，这个数字在多次实验中也会变化。

这个数字可以替代量子热力学里的功。在第7章末尾，我提到一位实验物理学家拒绝我提出的测量量子发动机所做的功的建议。他说自己可以从墙上的电源插座中获取电能，为什么要关心微不足道的量子发动机呢？也许当热力学将涉足的领域从经典物理学扩展到量子物理学时，它也应该把自己的"视野"扩展到功之外。这位实验物理学家也关心加扰，下面将加以解释。加扰恒等式暗示了一种新的"功"——传统的功的表兄，这种"功"适用于热力学和量子计算的交叉点。

加扰恒等式与贾辛斯基恒等式的不同不仅在于替换掉功，而且在于用一种概率的量子变体替换掉传统的概率。后一种替换是有道理的，因为贾辛斯基恒等式支配着量子系统和经典系统。经典系统不会被扰乱：扰乱涉及纠缠和不确定性。因此，通过将贾辛斯基恒等式提升为加扰恒等式，将概率提升为其量子变体，这是有道理的。

加扰已经从黑洞物理学和量子计算传播到其他学科。例如，量子热力学家已经研究了加扰过程中熵的产生，原子物理学家研究了如何在实验室中模拟黑洞的微扰，凝聚态物理学家已经在寻找描述黑洞内部情形的最简单的数学模型，量子信息理论科学家已经将加扰信号与熵联系了起来（这是当然）。加扰状态在底层支持一项任务，今天的量子计算机执行这项任务的速度比传统的超级计算机的执行速度更快。

正如工业革命期间的纺织工业，"加入微扰"已经发展为一个小作坊行业。我本人不仅目睹了这个子领域从无到有的出现，而且为它的发展做出了一定的贡献。我至今仍很感激有机会参与这件事，尤其是加扰的涨落关系把我带到了今天这么远的领域，进入计量学、超导量子比特实验、光子实验和量子理论的各种诠释。这就是为什么我认为量子蒸汽朋克的未来将离量子热力学的起源越来越远。走出自己熟悉的领域需要信心，但可以带来红利。

下一步

量子蒸汽朋克的未来

"继续走。"

"这……安全吗？"奥德丽将一只手放在黄铜管上，另一只手悬着，停顿了一下。巴克斯特对着姐姐摆动双手，像一只鸭子扑扇着翅膀试探池塘的水温。

"当然，这套机器很安全。"他说，"我检查过6次了，保证不会有危险，至少……大概率。"奥德丽试探着放下一只手。

"巴克斯特！"

"对不起，打扰一下。"一个低沉的声音出现在门口，斯托克哈特家的管家过去开门。姐弟俩谁都没有听见，卡斯皮安招手让那个客人走到沙发跟前。奥德丽禁止卡斯皮安起身离开沙发。医生说卡斯皮安很可能会痊愈，但奥德丽总是大惊小怪。

"奥德丽……"巴克斯特压低声音说，"当然，这套机器肯定是安全的。我保证不让你有危险，概率真的非常接近100%。"

奥德丽翻了翻白眼。

"皇家学会会长班克罗夫特夫人来了。"卡斯皮安说道。姐弟俩转过头看着卡斯皮安，奥德丽的右手还悬在空中。"关于我们的研究成果，不是有传闻说有人要邀请我们做一场演讲吗？这很可能要变成真的了。她期待今天上午举办一个非正式讲座。"

巴克斯特看着奥德丽，奥德丽看着卡斯皮安，卡斯皮安抬起眼睛看着奥德丽。她低头看了看面前的黄铜管，然后转向管家。

"阿诺尔德，请带班克罗夫特夫人到客厅去。告诉她，我们一会儿就到，让黛西做几个杏仁蛋糕招待她。"

"好的，小姐。"阿诺尔德鞠了一躬，离开了图书室。

"看来皇家学会对我们的研究有点兴趣了。"奥德丽说道。"唉！"她低头看着黄铜管，"今天的发现对昨天的发现没有一点耐心。"黄铜管属于过去，它看起来像万花筒那样的东西。她拿起一个彩色玻璃盘子。奥德丽将万花筒对准盘子，弯下腰，用一只眼睛对准万花筒的里面看了起来。

像奥德丽、巴克斯特和卡斯皮安一样，我们已经走遍了量子热力学地图上大大小小的领域。我们走访了量子物理学、信息论和热力学，了解了自己所处的位置。把这3个领域结合起来，我们就有了概率和熵，获得了把信息和功当作资源的能力。为了区分经典热力学和量子热力学，我们参观了量子热和功定义的动物园。然后我们乘坐量子发动机继续向前行驶，在涨落湾克服了晕船的困难，升入云端抵达资源理论联盟，发掘出了一个消失了几十年的神秘王国。最后，我们离开安全舒适的领地，从量子热力学跳到了其他学科。在整个旅程中，熵自始至终都在陪伴我们，它像国王查尔斯的骑士的猎犬那样徘徊在我们的左右。我希望从此你对熵有了更深刻的认识。

量子蒸汽朋克下一步走向何方？我看到有4个前沿领域需要探

索。首先，城邦、王国和公国开始统一。例如，涨落关系与一次性热力学联系了起来。可以修建更多的桥梁、高速公路和辅路，将这个领域的子领域统一起来，使不同的学术圈能够相互调用已有的工具和解决方案。

其次，我们可以从量子热力学出发，建造更多通往外部世界的桥梁。这些外部世界包括化学、凝聚态物理学、原子分子与光物理学、生物物理学、粒子物理学，以及黑洞等领域涉及量子物理学、信息论和能量的部分。我们已经开始与它们进行交互，例如加微扰的涨落关系，它的影响已经回荡在整个量子物理学领域。我们可以主动伸出援助之手，找到各个领域之间的相似之处，与我们的邻居交换更多的想法、见解和问题。

最后，量子热力学主要由理论组成。但在过去的几年里，实验浪潮开始涌起。我估计一浪会接着一浪，浪头会激增。我们应该感谢量子计算的影响，对量子计算机的渴望促使实验者不断加强对量子和其他微型系统的控制。用原子、离子、光子、超导量子比特和核子搭建成的测试平台可以用于测试量子热力学。

这个机会将激励理论物理学家提出更多的实验设想，我们无法预测实验结果，在实验开始之后才可能提出问题。一些量子热力学实验证实了某些预测不需要用实验检验，因为这些预测建立在量子理论之上，而量子理论经过了几十年的考验。我参与的一些实验属于这一类。这样的实验推动了科学的发展，迫使实验物理学家磨炼更精湛的技艺，刺激理论方面的进展。但我们的平台更欢迎那些无法轻易在经典计算机上开展的实验，我们的那些研究热力学和量子力学的老前辈也更欢迎这样的实验，因为他们中的有些人希望实验帮助他们发现新理论。

最后，我们可以发明一些值得投资的新技术，让研究热力学的前辈们感到满意。像早期的热力学家一样，我们已经发现了基础物理：我们加强了热力学第二定律，确定了哪些热力学任务只能用量子资源执行而不能用经典资源执行，等等。但热力学是与蒸汽机同步演进的，蒸汽机是推动工业革命的原动力。与此类似，量子热力学有机会推动自己的演进。

量子热力学家提出了自己的技术，如量子发动机、冰箱、棘轮和电池。这种量子技术可能超越经典技术的限制，具有更高的效率、更高的功率或某些更好的测量指标。这些发现让我们更加清晰地认识到经典物理学和量子物理学的本质区别。但是，这些技术真的实用吗？还不是从我自己的研究中就可以观察到这一点：到目前为止，我宁愿乘坐传统动力驱动的汽车，也不愿乘坐我和合作者发明的MBL 发动机驱动的汽车。

理论通过实验与技术衔接，实验已经开始。到目前为止，实验是原理验证型的，用于证明理论可行，经过艰苦劳动付出汗水之后是符合现实的。大多数量子发动机需要消耗功来冷却粒子，在发动机循环期间打开和关闭磁场，消耗的功比自己能做的功更多。量子发动机可能有助于解决这个问题，但仍处于起步阶段。我和合作者的目标是将量子发动机发展成解决方案。我希望能找到适合使用量子发动机而不适合使用传统热机的应用场景。打个比方，加利福尼亚州帕萨迪纳的阳光强烈，使得那个地方适合使用太阳能，而不适合建造热力发电厂。类似地，我们也许可以找到适合使用量子发动机的地方。

量子发动机是物体。在量子蒸汽朋克中，人们开发的是技术而不是物体，这些技术包括绝热捷径、算法冷却和温度测量。与量子热力学家一起，其他科学家开发并使用绝热捷径。发现有助于量子发动机循环的捷径也可以用于量子计算、量子计量和量子通信。一次发现，多方受益。

算法冷却源于量子计算需要空白草稿纸。理论物理学家提出了冷却方案，实验物理学家已经实施了一些。据我所知，这些实验仍然用于验证原理并展示算法冷却，而不是使用算法冷却来帮助实验者。但算法冷却可能会成为一把螺丝刀，这种工具对实验者来说有如此大的吸引力，以至于会在每个实验中用到。在那之前，算法冷却只是一项基础研究，用于阐明信息和热的关系。

量子测温法在过去几年蓬勃发展。量子热力学家已经发现了量子温度计的一般原理，并用特定模型来说明。在量子热力学领域之外，其他科学家也一直在利用量子现象辅助测温。例如，两个实验小组用量子温度计研究生物学问题：胚胎里的不同细胞在不同的时间进行分裂，如果颠倒细胞分裂的顺序，会损害生物体吗？你可以通过控制胚胎里不同部位的温度来找到这个问题的答案，因为温度控制着细胞分裂的速度。

实验者将纳米钻石注入蠕虫胚胎，纳米钻石可以探测蠕虫不同部位的温度。这些信息可以指导用激光加热胚胎的实验者。被操纵的胚胎长成相当正常的成年蠕虫，但是它们的细胞以及它们的后代的细胞在其生命周期的各个阶段似乎运转得缓慢一些。因此，颠倒了顺序的细胞分裂似乎不会损害生物体，而且延缓了生物体的衰老。有了量子温度计，一个生物学问题得到了解决。

然而胚胎实验属于量子传感领域，量子传感不在量子蒸汽朋克地图里。胚胎实验科学家与量子热力学王国的量子测温小镇几乎没有任何接触。同样，几十年来，原子物理学家一直在冷却量子气体。早在量子温度计蓬勃发展之前，物理学家一直在测量气体的温度，而那时量子温度计还没有渗透到这些实验中。看起来量子测温技术有望在几年内超越标准的原子物理技术。量子测温模型已经变得很详细并用于特定平台，有望改变现有标准。

　　这些前沿领域标志着量子蒸汽朋克有进一步发展的机会。在我看来，它们在召唤，就像蒸汽朋克小说里的海洋和丛林在召唤冒险家。量子蒸汽朋克在过去 10 年蓬勃发展，我们已经获得基本洞察，例如量子资源如何在各种热力学任务中胜过经典资源。我们已将理论建议转化为实验，并与其他科学领域合作。我期待量子热力学继续蓬勃发展和演进。在过去与未来相遇的地方，就像在热力学与量子计算相遇的地方，科学可以衍生出新的量子时代的蒸汽朋克时尚，恰如当年的蒸汽朋克小说所描绘的。

致 谢

许多人为本书的出版给予了支持与帮助，在此深表感谢。首先，感谢我的丈夫。我常常从周末早晨 8 点开始伏案写作，他为我烘焙松饼，为我带来能量、关心和体贴。感谢他的理解。其次，感谢好友萨拉·西格尔对我的信心。从中学起，她就坚信我未来将出版一本书。

感谢我的编辑蒂法尼·加斯巴里尼、迈克尔·齐尔勒和苏珊·马西森对我的耐心和热情。感谢托德·卡希尔将我画的糟糕的草图变成艺术插图。感谢基本问题研究所等的资助，项目编号为 FQXi-MGB-2009。获得这项资助离不开杰弗里·布勒的热心帮助。感谢加州理工学院量子信息与物质研究所的进一步支持。

我的许多同事和朋友花了不少时间与精力审阅部分文稿并提供反馈意见，他们是克里斯·埃克斯、戴维·阿维森－舒库尔、吉安·保罗·贝雷塔、费利克斯·宾德、萨拉·坎贝尔、克里斯托弗·贾辛斯基、戴维·詹宁斯、杰伊·劳伦斯、戴维·利默、弗雷德·麦克莱恩、乔纳森·奥本海姆、朱卡·佩科拉、帕特里克·波茨、约翰·普雷斯基尔等。我还要感谢罗布·斯佩肯斯让我意识到操作主义如何将热力学与信息论关联起来。

第 8 章和第 9 章提到的"奥科利船长"是以已故物理学家奇亚马卡·奥科利博士的名字命名的，她的朋友和同事一直怀念她。

扩展阅读

第 0 章

1. Malik, Wajeeha. "Inky's Daring Escape Shows How Smart Octopuses Are." *National Geographic*, April 14, 2016.

第 1 章

1. Schumacher, Benjamin, and Michael Westmoreland. *Quantum Processes, Systems, and Information*. New York: Cambridge University Press, 2010.
2. Munroe, Randall. *What If? Serious Scientific Answers to Absurd Hypothetical Questions*. International ed. Boston: Mariner Books, 2014.
3. Suzuki, Jeff. *A History of Mathematics*. Upper Saddle River, NJ: Prentice Hall, 2002.
4. Tribus, M., and E. C. McIrvine. "Energy and Information." *Scientific American* 225, no. 3 (September 1971): 179–88, quote at p. 180.

第 2 章

1. Improbable Research (blog). "Yet Another Prize for Ig-Winning Ponytail-Physics Researcher," December 15, 2015.
2. Sebens, Charles T. "How Electrons Spin." *Studies in History and Philosophy of Science Part B: Studies in History and Philosophy of Modern Physics* 68 (November 1, 2019): 40–50.
3. Heisenberg, W. "Über den anschaulichen Inhalt der quantentheoretischen Kinematik und Mechanik." *Zeitschrift für Physik* 43, no. 3 (March 1, 1927): 172–98.

4. Kennard, E. H. "Zur Quantenmechanik einfacher Bewegungstypen." *Zeitschrift für Physik* 44, no. 4 (April 1, 1927): 326–52.

5. Bell, J. S. "On the Einstein Podolsky Rosen Paradox." *Physics Physique Fizika* 1, no. 3 (November 1, 1964): 195–200.

6. John Gribbin. *Schrödinger's Kittens and the Search for Reality.* New York: Back Bay Books, 1995.

第 3 章

1. Feynman, Richard P. "Simulating Physics with Computers." *International Journal of Theoretical Physics* 21, no. 6 (June 1, 1982): 467–88.

2. Manin, Yuri. *Computable and Uncomputable.* Moscow: Sovetskoye Radio, 1980.

3. Benioff, Paul. "The Computer as a Physical System: A Microscopic Quantum Mechanical Hamiltonian Model of Computers as Represented by Turing Machines." *Journal of Statistical Physics* 22, no. 5 (May 1, 1980): 563–91.

4. Fredkin, Edward, and Tommaso Toffoli. "Conservative Logic." *International Journal of Theoretical Physics* 21, no. 3 (April 1, 1982): 219–53.

5. Deutsch, David. "Quantum Theory, the Church–Turing Principle and the Universal Quantum Computer." *Proceedings of the Royal Society of London A. Mathematical and Physical Sciences* 400, no. 1818 (July 8, 1985): 97–117.

6. Altman, Ehud, Kenneth R. Brown, Giuseppe Carleo, Lincoln D. Carr, Eugene Demler, Cheng Chin, et al. "Quantum Simulators: Architectures and Opportunities." *PRX Quantum* 2, no. 1 (February 24, 2021): 017003.

第 4 章

1. Grahame, Kenneth. *The Wind in the Willows*. New York: Charles Scribner's Sons, 1913.

2. Prigogine, Ilya. "Biographical." In *Nobel Lectures, Chemistry 1971-1980*, translated from the French, edited by Tore Frängsmyr and Sture Forsén, Singapore: World Scientific Publishing, 1993.

3. Fowler, R. H., and E. A. Guggenheim. *Statistical Thermodynamics: A Version of Statistical Mechanics for Students of Physics and Chemistry*. New York: Macmillan; Cambridge, UK: Cambridge University Press, 1939.

4. Fernández-Pineda, C., and S. Velasco "Comment on 'Historical Observations on Laws of Thermodynamics.'" *Journal of Chemical & Engineering Data* 57, no. 4 (April 12, 2012): 1347.

5. Eddington, Arthur. *The Nature of the Physical World*. 1928. Reprint, Cambridge, UK: Cambridge University Press, 2007.

6. Lloyd, Seth. "Going into Reverse." *Nature* 430, no. 7003 (August 2004): 971.

7. Son, Hyungmok, Juliana J. Park, Wolfgang Ketterle, and Alan O. Jamison. "Collisional Cooling of Ultracold Molecules." *Nature* 580, no. 7802 (April 2020): 197–200.

第 5 章

1. Szilard, Leo. "On the Decrease of Entropy in a Thermodynamic System by the Intervention of Intelligent Beings." *Behavioral Science* 9, no. 4 (1964): 301–10.

2. Landauer, R. "Irreversibility and Heat Generation in the Computing Process." *IBM Journal of Research and Development* 5, no. 3 (July 1961): 183–91.

3. Bennett, Charles H. "Demons, Engines and the Second Law." *Scientific American* 257, no. 5 (November 1987): 108–116.

4. Bender, Carl M., Dorje C. Brody, and Bernhard J. Meister. "Unusual Quantum States: Non–Locality, Entropy, Maxwell's Demon and Fractals." *Proceedings of the Royal Society A: Mathematical, Physical and Engineering Sciences* 461, no. 2055 (March 8, 2005): 733–53.

5. Rio, Lídia del, Johan Åberg, Renato Renner, Oscar Dahlsten, and Vlatko Vedral. "The Thermodynamic Meaning of Negative Entropy." *Nature* 476, no. 7361 (August 2011): 476.

6. Kim, Sang Wook, Takahiro Sagawa, Simone De Liberato, and Masahito Ueda. "Quantum Szilard Engine." *Physical Review Letters* 106, no. 7 (February 14, 2011): 070401.

7. Szilard, Leo. "On the Decrease of Entropy in a Thermodynamic System by the Intervention of Intelligent Beings." *Behavioral Science* 9, no. 4 (1964): 301–10.

8. Bennett, Charles H. "The Thermodynamics of Computation — A Review." *International Journal of Theoretical Physics* 21, no. 12 (December 1, 1982): 905–40.

第 6 章

1. Watanabe, Satoshi, and Louis de Broglie. *Le Deuxième Théorème de La Thermodynamique et La Mécanique Ondulatoire*. Hermann, 1935.

2. Slater, J. C. *Introduction to Chemical Physics*. 1st ed. New York: McGraw-Hill, 1939, 46.

3. Demers, Pierre. "Le Second Principe et La Théorie Des Quanta." *Canadian Journal of Research* 11, no. 50 (1944): 27–51.

4. Ramsey, Norman F. "Thermodynamics and Statistical Mechanics at Negative Absolute Temperatures." *Physical Review* 103, no. 1 (July 1, 1956): 20–28.

5. Scovil, H. E. D., and E. O. Schulz-DuBois. "Three-Level Masers as Heat Engines." *Physical Review Letters* 2, no. 6 (March 15, 1959): 262–63.

6. Geusic, J. E., E. O. Schulz-DuBios, and H. E. D. Scovil. "Quantum Equivalent of the Carnot Cycle." *Physical Review* 156, no. 2 (April 10, 1967): 343–51.

7. Lindblad, G. "On the Generators of Quantum Dynamical Semigroups." *Communications in Mathematical Physics* 48, no. 2 (June 1, 1976): 119–30.

8. Gorini, Vittorio, Andrzej Kossakowski, and E. C. G. Sudarshan. "Completely Positive Dynamical Semigroups of N-level Systems." *Journal of Mathematical Physics* 17, no. 5 (May 1, 1976): 821–25.

9. Park, James L., and William Band. "Generalized Two-Level Quantum Dynamics. III. Irreversible Conservative Motion." *Foundations of Physics* 8, no. 3 (April 1, 1978): 239–54.

10. Kraus, K. "General State Changes in Quantum Theory." *Annals of Physics* 64, no. 2 (June 1, 1971): 311–35.

11. Davies, E. B. "Markovian Master Equations." *Communications in Mathematical Physics* 39, no. 2 (June 1, 1974): 91–110.

12. Kosloff, Ronnie. "A Quantum Mechanical Open System as a Model of a Heat Engine." *Journal of Chemical Physics* 80, no. 4 (February 15, 1984): 1625–31.

13. Alicki, Robert. "The Quantum Open System as a Model of the Heat Engine." *Journal of Physics A: Mathematical and General* 12, no. 5 (1979): L103-07.

14. Scully, Robert J., and Marlan O. Scully. *The Demon and the Quantum: From the Pythagorean Mystics to Maxwell's Demon and Quantum Mystery.* 2nd ed. Weinheim, Germany: Wiley-VCH, 2010.

15. Lloyd, Seth. "Black Holes, Demons, and the Loss of Coherence: How Complex Systems Get Information, and What They Do with It." PhD

diss., Rockefeller University, 1988.

16. Goldstein, Sheldon, Joel L. Lebowitz, Roderich Tumulka, and Nino Zanghì. "Canonical Typicality." *Physical Review Letters* 96, no. 5 (February 8, 2006): 050403.

17. Popescu, Sandu, Anthony J. Short, and Andreas Winter. "Entanglement and the Foundations of Statistical Mechanics." *Nature Physics* 2, no. 11 (November 2006): 754–58.

18. Page, Don N. "Black Hole Information." *ArXiv:Hep-Th/9305040*, February 25, 1995.

19. Prigogine, I., and C. George. "The Second Law as a Selection Principle: The Microscopic Theory of Dissipative Processes in Quantum Systems." *Proceedings of the National Academy of Sciences* 80, no. 14 (July 1, 1983): 4590–94.

20. Anderson, P. W. "More Is Different." *Science* 177, no. 4047 (August 4, 1972): 393–96.

21. Frenzel, Max F., David Jennings, and Terry Rudolph. "Reexamination of Pure Qubit Work Extraction." *Physical Review E* 90, no. 5 (November 18, 2014): 052136.

第 7 章

1. Scovil, H. E. D., and E. O. Schulz-DuBois. "Three-Level Masers as Heat Engines." *Physical Review Letters* 2, no. 6 (March 15, 1959): 262–63.

2. Geusic, J. E., E. O. Schulz-DuBios, and H. E. D. Scovil. "Quantum Equivalent of the Carnot Cycle." *Physical Review* 156, no. 2 (April 10, 1967): 343–51.

3. Kalaee, Alex Arash Sand, Andreas Wacker, and Patrick P. Potts. "Violating the Thermodynamic Uncertainty Relation in the Three-Level Maser." *ArXiv:2103.07791 [Quant-Ph]*, March 13, 2021.

4. Campisi, Michele, and Rosario Fazio. "The Power of a Critical Heat

Engine." *Nature Communications* 7, no. 1 (June 20, 2016): 11895.

5. Oz-Vogt, J., A. Mann, and M. Revzen. "Thermal Coherent States and Thermal Squeezed States." *Journal of Modern Optics* 38, no. 12 (December 1, 1991): 2339–47.

6. Roßnagel, J., O. Abah, F. Schmidt-Kaler, K. Singer, and E. Lutz. "Nanoscale Heat Engine beyond the Carnot Limit." *Physical Review Letters* 112, no. 3 (January 22, 2014): 030602.

7. Niedenzu, Wolfgang, David Gelbwaser-Klimovsky, Abraham G. Kofman, and Gershon Kurizki. "On the Operation of Machines Powered by Quantum Non-Thermal Baths." *New Journal of Physics* 18, no. 8 (August 2, 2016): 083012.

8. Gardas, Bartłomiej, and Sebastian Deffner. "Thermodynamic Universality of Quantum Carnot Engines." *Physical Review E* 92, no. 4 (October 12, 2015): 042126.

9. Klaers, Jan, Stefan Faelt, Atac Imamoglu, and Emre Togan. "Squeezed Thermal Reservoirs as a Resource for a Nanomechanical Engine beyond the Carnot Limit." *Physical Review X* 7, no. 3 (September 13, 2017): 031044.

10. Yunger Halpern, Nicole, Christopher David White, Sarang Gopalakrishnan, and Gil Refael. "Quantum Engine Based on Many-Body Localization." *Physical Review B* 99, no. 2 (January 22, 2019): 024203.

11. Palao, José P., Ronnie Kosloff, and Jeffrey M. Gordon. "Quantum Thermodynamic Cooling Cycle." *Physical Review E* 64, no. 5 (October 30, 2001): 056130.

12. Linden, Noah, Sandu Popescu, and Paul Skrzypczyk. "How Small Can Thermal Machines Be? The Smallest Possible Refrigerator." *Physical Review Letters* 105, no. 13 (September 21, 2010): 130401.

13. Binder, Felix C., Sai Vinjanampathy, Kavan Modi, and John Goold. "Quantacell: Powerful Charging of Quantum Batteries." *New Journal of*

Physics 17, no. 7 (July 22, 2015): 075015.

14. Maslennikov, Gleb, Shiqian Ding, Roland Hablützel, Jaren Gan, Alexandre Roulet, Stefan Nimmrichter et al. "Quantum Absorption Refrigerator with Trapped Ions." *Nature Communications* 10, no. 1 (January 14, 2019): 202.

第 8 章

1. Brewer, S. M., J.-S. Chen, A. M. Hankin, E. R. Clements, C. W. Chou, D. J. Wineland, D. B. Hume, and D. R. Leibrandt. "$^{27}Al^+$ Quantum-Logic Clock with a Systematic Uncertainty below 10^{-18}." *Physical Review Letters* 123, no. 3 (July 15, 2019): 033201.

2. Dubé, Pierre. "Ion Clock Busts into New Precision Regime." *Physics* 12 (July 15, 2019).

3. Pauli, Wolfgang. *Handbuch Der Physik*. 1st ed. Vol. 23. Berlin: Springer, 1926.

4. Pauli, Wolfgang. *Handbuch Der Physik*. 2nd ed. Vol. 24. Berlin: Springer, 1933.

5. Pauli, Wolfgang. *Handbuch Der Physik*. Vol. 5, Part 1: Prinzipien der Quantentheorie I. Berlin: Springer, 1958.

6. Woods, Mischa P., Ralph Silva, and Jonathan Oppenheim. "Autonomous Quantum Machines and Finite-Sized Clocks." *Annales Henri Poincaré* 20, no. 1 (January 1, 2019): 125–218.

7. Yunger Halpern, Nicole, and David T. Limmer. "Fundamental Limitations on Photoisomerization from Thermodynamic Resource Theories." *Physical Review A* 101, no. 4 (April 17, 2020): 042116.

第 9 章

1. Mossa, A., M. Manosas, N. Forns, J. M. Huguet, and F. Ritort. "Dynamic Force Spectroscopy of DNA Hairpins: I. Force Kinetics and Free Energy

Landscapes." *Journal of Statistical Mechanics: Theory and Experiment* 2009, no. 2 (February 25, 2009): P02060.

2. Schroeder, Daniel V. *An Introduction to Thermal Physics*. San Francisco: Pearson, 1999.

3. Jarzynski, C. "Nonequilibrium Equality for Free Energy Differences." *Physical Review Letters* 78, no. 14 (April 7, 1997): 2690–93.

4. Crooks, Gavin E. "Entropy Production Fluctuation Theorem and the Nonequilibrium Work Relation for Free Energy Differences." *Physical Review E* 60, no. 3 (September 1, 1999): 2721–26.

5. Liphardt, Jan, Sophie Dumont, Steven B. Smith, Ignacio Tinoco, and Carlos Bustamante. "Equilibrium Information from Nonequilibrium Measurements in an Experimental Test of Jarzynski's Equality." *Science* 296, no. 5574 (June 7, 2002): 1832–35.

6. Hummer, Gerhard, and Attila Szabo. "Free Energy Reconstruction from Nonequilibrium Single-Molecule Pulling Experiments." *Proceedings of the National Academy of Sciences* 98, no. 7 (March 27, 2001): 3658–61.

7. Blickle, V., T. Speck, L. Helden, U. Seifert, and C. Bechinger. "Thermodynamics of a Colloidal Particle in a Time-Dependent Nonharmonic Potential." *Physical Review Letters* 96, no. 7 (February 23, 2006): 070603.

8. Douarche, F., S. Ciliberto, A. Petrosyan, and I. Rabbiosi. "An Experimental Test of the Jarzynski Equality in a Mechanical Experiment." *EPL (Europhysics Letters)* 70, no. 5 (April 29, 2005): 593.

9. Misof, K., W. J. Landis, K. Klaushofer, and P. Fratzl. "Collagen from the Osteogenesis Imperfecta Mouse Model (OIM) Shows Reduced Resistance against Tensile Stress." *Journal of Clinical Investigation* 100, no. 1 (July 1, 1997): 40–45.

10. Herczenik, Eszter, and Martijn F. B. G. Gebbink. "Molecular and Cellular Aspects of Protein Misfolding and Disease." *FASEB Journal* 22, no. 7

(2008): 2115–33.

11. Utsumi, Y., D. S. Golubev, M. Marthaler, K. Saito, T. Fujisawa, and Gerd Schön. "Bidirectional Single-Electron Counting and the Fluctuation Theorem." *Physical Review B* 81, no. 12 (March 29, 2010): 125331.

12. Küng, B., C. Rössler, M. Beck, M. Marthaler, D. S. Golubev, Y. Utsumi et al. "Irreversibility on the Level of Single-Electron Tunneling." *Physical Review X* 2, no. 1 (January 13, 2012): 011001.

13. Saira, O.-P., Y. Yoon, T. Tanttu, M. Möttönen, D. V. Averin, and J. P. Pekola. "Test of the Jarzynski and Crooks Fluctuation Relations in an Electronic System." *Physical Review Letters* 109, no. 18 (October 31, 2012): 180601.

14. Bartolotta, Anthony, and Sebastian Deffner. "Jarzynski Equality for Driven Quantum Field Theories." *Physical Review X* 8, no. 1 (February 27, 2018): 011033.

15. Ortega, Alvaro, Emma McKay, Álvaro M. Alhambra, and Eduardo Martín-Martínez. "Work Distributions on Quantum Fields." *Physical Review Letters* 122, no. 24 (June 21, 2019): 240604.

16. Bruschi, David, Benjamin Morris, and Ivette Fuentes. "Thermodynamics of Relativistic Quantum Fields Confined in Cavities." *Physics Letters A* 384, no. 25 (September 7, 2020): 126601.

17. Teixidó-Bonfill, Adam, Alvaro Ortega, and Eduardo Martín-Martínez. "First Law of Quantum Field Thermodynamics." *Physical Review A* 102, no. 5 (November 18, 2020): 052219.

18. Liu, Nana, John Goold, Ivette Fuentes, Vlatko Vedral, Kavan Modi, and David Bruschi. "Quantum Thermodynamics for a Model of an Expanding Universe." *Classical and Quantum Gravity* 33, no. 3 (January 11, 2016): 035003.

19. An, Shuoming, Jing-Ning Zhang, Mark Um, Dingshun Lv, Yao Lu, Junhua Zhang et al. "Experimental Test of the Quantum Jarzynski

Equality with a Trapped-Ion System." *Nature Physics* 11, no. 2 (February 2015): 193–99.

20. Batalhão, Tiago B., Alexandre M. Souza, Laura Mazzola, Ruben Auccaise, Roberto S. Sarthour, Ivan S. Oliveira et al. "Experimental Reconstruction of Work Distribution and Study of Fluctuation Relations in a Closed Quantum System." *Physical Review Letters* 113, no. 14 (October 3, 2014): 140601.

21. Naghiloo, M., J. J. Alonso, A. Romito, E. Lutz, and K. W. Murch. "Information Gain and Loss for a Quantum Maxwell's Demon." *Physical Review Letters* 121, no. 3 (July 17, 2018): 030604.

22. Zhang, Zhenxing, Tenghui Wang, Liang Xiang, Zhilong Jia, Peng Duan, Weizhou Cai et al. "Experimental Demonstration of Work Fluctuations along a Shortcut to Adiabaticity with a Superconducting Xmon Qubit." *New Journal of Physics* 20, no. 8 (August 2, 2018): 085001.

23. Cerisola, Federico, Yair Margalit, Shimon Machluf, Augusto J. Roncaglia, Juan Pablo Paz, and Ron Folman. "Using a Quantum Work Meter to Test Non-Equilibrium Fluctuation Theorems." *Nature Communications* 8, no. 1 (November 1, 2017): 1241.

24. Hernández-Gómez, S., S. Gherardini, F. Poggiali, F. S. Cataliotti, A. Trombettoni, P. Cappellaro et al. "Experimental Test of Exchange Fluctuation Relations in an Open Quantum System." *Physical Review Research* 2, no. 2 (June 12, 2020): 023327.

第 10 章

1. Rényi, Alfréd. "On Measures of Entropy and Information," *Proceedings of the Fourth Berkeley Symposium on Mathematical Statistics and Probability*, Vol. 1, 547–61. University of California, Berkeley: University of California Press, 1961.

2. Rio, Lídia del, Johan Åberg, Renato Renner, Oscar Dahlsten, and Vlatko

Vedral. "The Thermodynamic Meaning of Negative Entropy." *Nature* 476, no. 7361 (August 2011): 476.

3. Yunger Halpern, Nicole, Andrew J. P. Garner, Oscar C. O. Dahlsten, and Vlatko Vedral. "Introducing One-Shot Work into Fluctuation Relations." *New Journal of Physics* 17, no. 9 (September 11, 2015): 095003.

4. Burnette, Joyce. "Women Workers in the British Industrial Revolution." EH.Net Encyclopedia, edited by Robert Whaples, March 26, 2008.

5. Lamb, Evelyn. "5 Sigma: What's That?" *Scientific American* (blog), July 17, 2012.

6. Jarzynski, Christopher. "Rare Events and the Convergence of Exponentially Averaged Work Values." *Physical Review E* 73, no. 4 (April 5, 2006): 046105.

7. Yunger Halpern, Nicole, and Christopher Jarzynski. "Number of Trials Required to Estimate a Free-Energy Difference, Using Fluctuation Relations." *Physical Review E* 93, no. 5 (May 26, 2016): 052144.

第 11 章

1. Horodecki, Ryszard, Paweł Horodecki, Michał Horodecki, and Karol Horodecki. "Quantum Entanglement." *Reviews of Modern Physics* 81, no. 2 (June 17, 2009): 865–942.

2. Chitambar, Eric, and Gilad Gour. "Quantum Resource Theories." *Reviews of Modern Physics* 91, no. 2 (April 4, 2019): 025001.

3. Marshall, Albert W., Ingram Olkin, and Barry C. Arnold. *Inequalities: Theory of Majorization and Its Applications*. Springer Series in Statistics. New York: Springer, 2011.

4. Ruch, Ernst, Rudolf Schranner, and Thomas H. Seligman. "The Mixing Distance." *Journal of Chemical Physics* 69, no. 1 (July 1, 1978): 386–92.

5. Janzing, D., P. Wocjan, R. Zeier, R. Geiss, and T. Beth. "Thermodynamic Cost of Reliability and Low Temperatures: Tightening Landauer's

Principle and the Second Law." *International Journal of Theoretical Physics* 39, no. 12 (December 1, 2000): 2717–53.

6. Horodecki, Michał, and Jonathan Oppenheim. "Fundamental Limitations for Quantum and Nanoscale Thermodynamics." *Nature Communications* 4, no. 1 (June 26, 2013): 2059.

7. Gour, Gilad, David Jennings, Francesco Buscemi, Runyao Duan, and Iman Marvian. "Quantum Majorization and a Complete Set of Entropic Conditions for Quantum Thermodynamics." *Nature Communications* 9, no. 1 (December 17, 2018): 5352.

8. Gour, Gilad, Markus P. Müller, Varun Narasimhachar, Robert W. Spekkens, and Nicole Yunger Halpern. "The Resource Theory of Informational Nonequilibrium in Thermodynamics." *Physics Reports* 583 (July 2, 2015): 1–58.

9. Brandão, Fernando, Michał Horodecki, Nelly Ng, Jonathan Oppenheim, and Stephanie Wehner. "The Second Laws of Quantum Thermodynamics." *Proceedings of the National Academy of Sciences* 112, no. 11 (March 17, 2015): 3275–79.

10. Yunger Halpern, Nicole, and Joseph M. Renes. "Beyond Heat Baths: Generalized Resource Theories for Small-Scale Thermodynamics." *Physical Review E* 93, no. 2 (February 18, 2016): 022126.

11. Yunger Halpern, Nicole. "Beyond Heat Baths II : Framework for Generalized Thermodynamic Resource Theories." *Journal of Physics A: Mathematical and Theoretical* 51, no. 9 (February 1, 2018): 094001.

12. Vaccaro, Joan A., and Stephen M. Barnett. "Information Erasure without an Energy Cost." *Proceedings of the Royal Society A: Mathematical, Physical and Engineering Sciences* 467, no. 2130 (June 8, 2011): 1770–78.

13. Yunger Halpern, Nicole. "Toward Physical Realizations of Thermodynamic Resource Theories." In *Information and Interaction: Eddington, Wheeler,*

and the Limits of Knowledge, edited by Ian T. Durham and Dean Rickles, 135–66. The Frontiers Collection. Cham, Germany: Springer International, 2017.

14. Yunger Halpern, Nicole, Andrew J. P. Garner, Oscar C. O. Dahlsten, and Vlatko Vedral. "Introducing One-Shot Work into Fluctuation Relations." *New Journal of Physics* 17, no. 9 (September 11, 2015): 095003.

15. Alhambra, Álvaro M., Lluis Masanes, Jonathan Oppenheim, and Christopher Perry. "Fluctuating Work: From Quantum Thermodynamical Identities to a Second Law Equality." *Physical Review X* 6, no. 4 (October 24, 2016): 041017.

16. Kucharski, Timothy J., Nicola Ferralis, Alexie M. Kolpak, Jennie O. Zheng, Daniel G. Nocera, and Jeffrey C. Grossman. "Templated Assembly of Photoswitches Significantly Increases the Energy-Storage Capacity of Solar Thermal Fuels." *Nature Chemistry* 6, no. 5 (May 2014): 441–47.

17. Yunger Halpern, Nicole, and David T. Limmer. "Fundamental Limitations on Photoisomerization from Thermodynamic Resource Theories." *Physical Review A* 101, no. 4 (April 17, 2020): 042116.

第 12 章

1. Yunger Halpern, Nicole, and Joseph M. Renes. "Beyond Heat Baths: Generalized Resource Theories for Small-Scale Thermodynamics." *Physical Review E* 93, no. 2 (February 18, 2016): 022126.

2. Yunger Halpern, Nicole. "Beyond Heat Baths Ⅱ: Framework for Generalized Thermodynamic Resource Theories." *Journal of Physics A: Mathematical and Theoretical* 51, no. 9 (February 1, 2018): 094001.

3. Lostaglio, Matteo. "The Resource Theory of Quantum Thermodynamics." Master's thesis, Imperial College London, 2014.

4. Jaynes, E. T. "Information Theory and Statistical Mechanics." *Physical*

Review 106, no. 4 (May 15, 1957): 620–30.

5. Jaynes, E. T. "Information Theory and Statistical Mechanics. Ⅱ." *Physical Review* 108, no. 2 (October 15, 1957): 171–90.

6. Balian, Roger, and N. L. Balazs. "Equiprobability, Inference, and Entropy in Quantum Theory." *Annals of Physics* 179, no. 1 (October 1, 1987): 97–144.

7. Balian, Roger, Yoram Alhassid, and Hugo Reinhardt. "Dissipation in Many-Body Systems: A Geometric Approach Based on Information Theory." *Physics Reports* 131, no. 1 (January 1, 1986): 1–146.

8. Lostaglio, Matteo, David Jennings, and Terry Rudolph. "Thermodynamic Resource Theories, Non-Commutativity and Maximum Entropy Principles." *New Journal of Physics* 19, no. 4 (April 6, 2017): 043008.

9. Guryanova, Yelena, Sandu Popescu, Anthony J. Short, Ralph Silva, and Paul Skrzypczyk. "Thermodynamics of Quantum Systems with Multiple Conserved Quantities." *Nature Communications* 7, no. 1 (July 7, 2016): 12049.

10. Yunger Halpern, Nicole, Philippe Faist, Jonathan Oppenheim, and Andreas Winter. "Microcanonical and Resource-Theoretic Derivations of the Thermal State of a Quantum System with Noncommuting Charges." *Nature Communications* 7, no. 1 (July 7, 2016): 12051.

11. Yunger Halpern, Nicole, Michael E. Beverland, and Amir Kalev. "Noncommuting Conserved Charges in Quantum Many-Body Thermalization." *Physical Review E* 101, no. 4 (April 15, 2020): 042117.

12. Manzano, Gonzalo, Juan M. R. Parrondo, and Gabriel T. Landi. "Non-Abelian Quantum Transport and Thermosqueezing Effects." *ArXiv:2011.04560 [Cond-Mat, Physics:Quant-Ph]*, November 9, 2020.

第 13 章

1. Sørensen, Ole W. "A Universal Bound on Spin Dynamics." *Journal of*

Magnetic Resonance (1969) 86, no. 2 (February 1, 1990): 435–40.

2. Schulman, Leonard J., and Umesh V. Vazirani. "Molecular Scale Heat Engines and Scalable Quantum Computation." In *Proceedings of the Thirty-First Annual ACM Symposium on Theory of Computing (STOC)*, 322–29. Atlanta, Georgia: Association for Computing Machinery, 1999.

3. Park, Daniel K., Nayeli A. Rodriguez-Briones, Guanru Feng, Robabeh Rahimi, Jonathan Baugh, and Raymond Laflamme. "Heat Bath Algorithmic Cooling with Spins: Review and Prospects." In *Electron Spin Resonance (ESR) Based Quantum Computing*, edited by Takeji Takui, Lawrence Berliner, and Graeme Hanson, 227–55. Biological Magnetic Resonance series, vol. 31. New York: Springer, 2016.

4. Boykin, P. Oscar, Tal Mor, Vwani Roychowdhury, Farrokh Vatan, and Rutger Vrijen. "Algorithmic Cooling and Scalable NMR Quantum Computers." *Proceedings of the National Academy of Sciences* 99, no. 6 (March 19, 2002): 3388–93.

5. Horowitz, Jordan M., and Todd R. Gingrich. "Thermodynamic Uncertainty Relations Constrain Non-Equilibrium Fluctuations." *Nature Physics* 16, no. 1 (January 2020): 15–20.

6. Pietzonka, Patrick, Andre C Barato, and Udo Seifert. "Universal Bound on the Efficiency of Molecular Motors." *Journal of Statistical Mechanics: Theory and Experiment* 2016, no. 12 (December 30, 2016): 124004.

7. Ptaszyński, Krzysztof. "Coherence-Enhanced Constancy of a Quantum Thermoelectric Generator." *Physical Review B* 98, no. 8 (August 20, 2018): 085425.

8. Agarwalla, Bijay Kumar, and Dvira Segal. "Assessing the Validity of the Thermodynamic Uncertainty Relation in Quantum Systems." *Physical Review B* 98, no. 15 (October 26, 2018): 155438.

9. Macieszczak, Katarzyna, Kay Brandner, and Juan P. Garrahan. "Unified Thermodynamic Uncertainty Relations in Linear Response." *Physical*

Review Letters 121, no. 13 (September 24, 2018): 130601.

10. Guéry-Odelin, D., A. Ruschhaupt, A. Kiely, E. Torrontegui, S. Martínez-Garaot, and J. G. Muga. "Shortcuts to Adiabaticity: Concepts, Methods, and Applications." *Reviews of Modern Physics* 91, no. 4 (October 24, 2019): 045001.

11. Albash, Tameem, and Daniel A. Lidar. "Adiabatic Quantum Computation." *Reviews of Modern Physics* 90, no. 1 (January 29, 2018): 015002.

12. Bäumer, Elisa, Matteo Lostaglio, Martí Perarnau-Llobet, and Rui Sampaio. "Fluctuating Work in Coherent Quantum Systems: Proposals and Limitations." In *Thermodynamics in the Quantum Regime: Fundamental Aspects and New Directions*, edited by Felix Binder, Luis A. Correa, Christian Gogolin, Janet Anders, and Gerardo Adesso, 275–300. Fundamental Theories of Physics series. Cham, Germany: Springer International, 2018.

13. Wakakuwa, Eyuri. "Operational Resource Theory of Non-Markovianity." *ArXiv:1709.07248 [Quant-Ph]*, October 3, 2017.

14. Pezzutto, Marco, Mauro Paternostro, and Yasser Omar. "Implications of Non-Markovian Quantum Dynamics for the Landauer Bound." *New Journal of Physics* 18, no. 12 (December 15, 2016): 123018.

15. Mehboudi, Mohammad, Anna Sanpera, and Luis A Correa. "Thermometry in the Quantum Regime: Recent Theoretical Progress." *Journal of Physics A: Mathematical and Theoretical* 52, no. 30 (July 26, 2019): 303001.

16. Jevtic, Sania, David Newman, Terry Rudolph, and T. M. Stace. "Single-Qubit Thermometry." *Physical Review A* 91, no. 1 (January 22, 2015): 012331.

17. Stace, Thomas M. "Quantum Limits of Thermometry." *Physical Review A* 82, no. 1 (July 30, 2010): 011611.

第 14 章

1. Hawking, S. W. "Particle Creation by Black Holes." *Communications in Mathematical Physics* 43, no. 3 (August 1, 1975): 199–220.

2. Kitaev, Alexei. "A Simple Model of Quantum Holography (Part 1)." Conference presentation at Entanglement in Strongly Correlated Quantum Matter, Kavli Institute for Theoretical Physics, April 7, 2015.

3. Larkin, A. I., and Yu. N. Ovchinnikov. "Quasiclassical Method in the Theory of Superconductivity." *Soviet Journal of Experimental and Theoretical Physics* 28 (June 1, 1969): 1200.

4. "This Month in Physics History: Circa January 1961: Lorenz and the Butterfly Effect." *APS News* 12, no. 1 (January 2003).

5. Yunger Halpern, Nicole. "Jarzynski-like Equality for the Out-of-Time-Ordered Correlator." *Physical Review A* 95, no. 1 (January 17, 2017): 012120.

6. Solinas, P., and S. Gasparinetti. "Full Distribution of Work Done on a Quantum System for Arbitrary Initial States." *Physical Review E* 92, no. 4 (October 23, 2015): 042150.

7. Campisi, Michele, and John Goold. "Thermodynamics of Quantum Information Scrambling." *Physical Review E* 95, no. 6 (June 20, 2017): 062127.

8. Touil, Akram, and Sebastian Deffner. "Quantum Scrambling and the Growth of Mutual Information." *Quantum Science and Technology* 5, no. 3 (May 26, 2020): 035005.

9. Arute, Frank, Kunal Arya, Ryan Babbush, Dave Bacon, Joseph C. Bardin, Rami Barends et al. "Quantum Supremacy Using a Programmable Superconducting Processor." *Nature* 574, no. 7779 (October 2019): 505–10.

尾 声

1. Choi, Joonhee, Hengyun Zhou, Renate Landig, Hai-Yin Wu, Xiaofei Yu, Stephen E. Von Stetina et al. "Probing and Manipulating Embryogenesis via Nanoscale Thermometry and Temperature Control." *Proceedings of the National Academy of Sciences* 117, no. 26 (June 30, 2020): 14636–41.
2. Fujiwara, Masazumi, Simo Sun, Alexander Dohms, Yushi Nishimura, Ken Suto, Yuka Takezawa et al. "Real-Time Nanodiamond Thermometry Probing in Vivo Thermogenic Responses." *Science Advances* 6, no. 37 (September 1, 2020):eaba9636.